高等职业院校"十三五"规划教材

园林工程计量与计价

陈乐谞　高建亮　主编

中国林业出版社

图书在版编目(CIP)数据

园林工程计量与计价／陈乐谐，高建亮主编 .—北京：中国林业出版社，2017.10（2024.7 重印）
高等职业院校"十三五"规划教材
ISBN 978-7-5038-9340-7

Ⅰ.①园… Ⅱ.①陈… ②高… Ⅲ.①园林 – 工程施工 – 计量 – 高等职业教育 – 教材 ②园林 – 工程施工 – 工程造价 – 高等职业教育 – 教材 Ⅳ.①TU986.3

中国版本图书馆 CIP 数据核字（2017）第 259487 号

国家林业局生态文明教材及林业高校教材建设项目

中国林业出版社·教育出版分社

策划、责任编辑：田 苗
电话：(010)83143557　　　传真：(010)83143516

出版发行	中国林业出版社（100009　北京市西城区德内大街刘海胡同 7 号） E-mail: jiaocaipublic@163.com 电话：(010)83143500 http://lycb.forestry.gov.cn
经　销	新华书店
印　刷	河北京平诚乾印刷有限公司
版　次	2017 年 10 月第 1 版
印　次	2024 年 7 月第 5 次印刷
开　本	787mm×1092mm　1/16
印　张	15.25
字　数	250 千字
定　价	45.00 元

未经许可，不得以任何方式复制或抄袭本书之部分或全部内容。

版权所有　侵权必究

《园林工程计量与计价》
编写人员

主　编
　　陈乐谞　高建亮
副主编
　　熊　辉　罗　吉
编写人员（按姓氏拼音排序）
　　常伯钧（湖南农业大学）
　　陈乐谞（湖南环境生物职业技术学院）
　　陈利丰（湖南隽秀园林景观工程有限责任公司）
　　高建亮（湖南环境生物职业技术学院）
　　洪　琰（湖南环境生物职业技术学院）
　　黄　彪（湖南风华正茂园林有限公司）
　　李宁清（湖南环境生物职业技术学院）
　　李青萍（湖南环境生物职业技术学院）
　　龙　盈（湖南环境生物职业技术学院）
　　罗海文（衡阳东方星园林建筑有限公司）
　　罗　吉（衡阳师范学院）
　　邱全友（湖南智多星软件股份有限公司）
　　谭晓明（湖南环境生物职业技术学院）
　　汤　辉（岳阳职业技术学院）
　　伍　威（湖南环境生物职业技术学院）
　　谢光园（湖南环境生物职业技术学院）
　　熊　辉（湖南农业大学）
　　曾志勇（长沙环境保护职业技术学院）
　　周　舟（岳阳职业技术学院）
　　诸建平（岭南园林股份有限公司）

前　言

本教材是根据高等职业技术教育的特点和相关专业的人才培养目标，结合编者多年专业教学与工程实践而编写的。全书以《建设工程工程量清单计价规范》(GB 50500—2013)、《园林绿化工程工程量计算规范》(GB 50858—2013)和《建筑安装工程费用项目组成》(建标[2013]44号)为依据，参照现阶段执行的相关规范编写，系统介绍了园林工程计量与计价活动。全书共分为5个单元。

本教材通过5个典型案例详细阐述了工程量清单编制和工程量清单计价方法，体现工程计价职业的工作流程和操作实务。本教材作为高等职业院校相关专业学生学习园林工程计量与计价知识和技能的专业教材，重新构建了知识体系与编写体例，立足基本理论的阐述，注重实践能力的培养，优化基本术语和工程计价核心内容的凝练，加强课程知识与工程实践的衔接。

本教材由陈乐谙、高建亮任主编，熊辉、罗吉任副主编。具体编写分工如下：单元1由陈乐谙、伍威编写；单元2由陈乐谙、高建亮、谢光园编写；单元3由陈乐谙、高建亮、洪琰、熊辉编写；单元4由龙盈、李青萍、谭晓明、常伯钧、罗吉编写；单元5由李宁清、曾志勇、罗海文、邱全友、诸建平、陈利丰、黄彪、周舟、汤辉编写。

本教材在编写过程中参照了相关标准和相关文献，在此谨向作者和资料提供者致以衷心的感谢！

由于编者水平有限，书中难免有不妥和疏漏之处，敬请广大读者和同行批评指正。

编　者
2017年10月于雁城

目　录

前言

单元1　园林工程建设概述 ………………………………………… 1
　1.1　基本建设与园林工程计价 ………………………………………… 2
　　　1.1.1　基本建设概述 ………………………………………… 2
　　　1.1.2　基本建设计价文件 ………………………………………… 5
　　　1.1.3　园林工程项目的划分 ………………………………………… 7
　　　1.1.4　园林工程计价的特点 ………………………………………… 8
　1.2　园林工程计价模式 ………………………………………… 9
　　　1.2.1　影响园林工程价格的基本要素 ………………………………………… 9
　　　1.2.2　工程计价模式 ………………………………………… 13

单元2　工程量清单计价规范与编制程序 ………………………………………… 23
　2.1　计量与计价规范概述 ………………………………………… 25
　　　2.1.1　计量计价规范的组成 ………………………………………… 25
　　　2.1.2　计量计价规范的特点 ………………………………………… 28
　2.2　分部分项工程量清单的编制 ………………………………………… 29
　　　2.2.1　项目编码 ………………………………………… 30
　　　2.2.2　项目名称 ………………………………………… 32
　　　2.2.3　项目特征 ………………………………………… 32
　　　2.2.4　计量单位 ………………………………………… 33
　　　2.2.5　工程数量 ………………………………………… 33
　　　2.2.6　分部分项工程量清单的编制程序 ………………………………………… 33
　2.3　措施项目清单的编制 ………………………………………… 36
　　　2.3.1　措施项目清单的列项条件 ………………………………………… 36
　　　2.3.2　可以计算工程量的措施项目清单的编制 ………………………………………… 38

2.4	其他项目清单的编制	38
	2.4.1 暂列金额	39
	2.4.2 暂估价	39
	2.4.3 计日工	39
	2.4.4 总承包服务费	39
2.5	规费、税金项目清单的编制	39
2.6	工程量清单计价表格	40

单元3 园林工程工程量清单编制 51

3.1	绿化工程	52
	3.1.1 绿地整理	52
	3.1.2 栽植花木	54
	3.1.3 绿地喷灌	61
3.2	园路、园桥工程	65
	3.2.1 园路、园桥工程	65
	3.2.2 驳岸、护岸	68
3.3	景观设施工程	72
	3.3.1 堆塑假山	72
	3.3.2 原木、竹构件	73
	3.3.3 亭廊屋面	74
	3.3.4 花架	76
	3.3.5 园林桌椅	77
	3.3.6 喷泉安装	79
	3.3.7 杂项	80
3.4	措施工程	101
	3.4.1 脚手架工程	101
	3.4.2 模板工程	103
	3.4.3 树木支撑架、草绳绕树干、搭设遮阴（防寒）棚工程	104
	3.4.4 围堰、排水工程	104
	3.4.5 安全文明施工及其他措施项目	105

单元4 园林工程工程量清单计价编制 …… 113

4.1 建筑安装工程费用构成 …… 114
- 4.1.1 按费用构成要素划分 …… 114
- 4.1.2 按工程造价形成顺序划分 …… 122

4.2 工程量清单计价依据及应用 …… 126
- 4.2.1 工程定额 …… 127
- 4.2.2 定额的分类 …… 127
- 4.2.3 消耗量定额 …… 129

4.3 园林工程工程量清单计价操作规程和步骤 …… 133
- 4.3.1 操作规程 …… 133
- 4.3.2 操作步骤 …… 133

4.4 园林绿化工程清单计价编制 …… 144
- 4.4.1 消耗量标准说明 …… 144
- 4.4.2 工程量计算规则 …… 146

4.5 园路、园桥工程清单计价编制 …… 158
- 4.5.1 园路小品工程 …… 158
- 4.5.2 土石方工程 …… 161
- 4.5.3 楼地面工程 …… 163

4.6 园林景观工程清单计价编制 …… 169
- 4.6.1 砌筑工程 …… 169
- 4.6.2 混凝土工程 …… 171
- 4.6.3 抹灰工程 …… 174
- 4.6.4 木作工程 …… 176
- 4.6.5 石作工程 …… 180

4.7 措施项目清单计价编制 …… 200
- 4.7.1 消耗量标准说明 …… 200
- 4.7.2 工程量计算规则 …… 201

单元5 工程造价管理软件运用 …… 205
5.1 软件基本界面介绍 …… 206
5.2 工程造价管理软件操作流程 …… 209

5.2.1 软件操作流程 …………………………………………… 209
5.2.2 项目工程预算编制 ……………………………………… 210
5.2.3 单位工程预算编制 ……………………………………… 215
5.2.4 施工措施费的编制 ……………………………………… 222
5.2.5 工料机汇总分析 ………………………………………… 222
5.2.6 其他项目清单计价的编制 ……………………………… 224
5.2.7 单位工程汇总取费表 …………………………………… 226
5.2.8 报表 ……………………………………………………… 227

参考文献 ……………………………………………………… 231

单元 1
园林工程建设概述

【知识目标】

(1) 了解基本建设的内容。

(2) 了解建设工程计价文件的分类。

(3) 了解清单计价的特点。

【技能目标】

(1) 能划分园林工程项目。

(2) 能掌握工程量清单计价的方法。

1.1 基本建设与园林工程计价

1.1.1 基本建设概述

1.1.1.1 基本建设的概念

基本建设是指固定资产扩大再生产的新建、扩建、改建、恢复工程及与之相关的其他工作。实质上，基本建设是形成新的固定资产的经济活动过程，即把一定的物质资料如建筑材料、机器设备等，通过购置、建造和安装等活动转化为固定资产，形成新的生产能力或使用效益的过程。与此相关的其他工作，如征用土地、勘察设计、筹建机构和职工培训等，也属于基本建设的部分。

固定资产是指在社会再生产过程中，使用1年以上、单位价值在规定限额以上的主要劳动资料和其他物质资料，如建筑物、构筑物、运输设备、电器设备等。固定资产按经济用途，可分为生产性固定资产和非生产性固定资产两大类。生产性固定资产是指在物质资料生产过程中，能在较长时期内发挥作用而不改变其实物形态的劳动资料，是人们用来影响和改变劳动对象的物质技术手段，如工厂的厂房、机器设备、矿井、水库、铁路、船舶等。如住宅、学校、医院和其他生活福利设施等，也是可以在较长时期内使用而不改变其实物形态，只不过它们是直接服务于人民的物质文化生活方面。但是，固定资产的再生产并不都是工程建设，利用更新改造资金和各种专项资金进行的挖潜、革新、改造项目，均视作固定资产的更新改造，并按基本建设办法进行管理，并不列入工程建设范围之内。

1.1.1.2 基本建设的内容

基本建设项目的内容构成包括以下4个方面：

（1）建筑工程

建筑工程是指永久性和临时性的各种房屋和构筑物，如厂房、仓库、住宅、学校、剧院、矿井、桥梁、电站、铁路、码头、体育场等新建、扩建、改建或复建工程；各种民用管道和线路的敷设工程；设备基础、炉窑砌筑、金属结构构件（如支柱、操作台、钢梯、钢栏杆等）工程等。

(2)设备安装工程

设备安装工程是指永久性和临时性生产、动力、起重、运输传动和医疗、实验和体育等设备的装配、安装工程,以及附属于被安装设备的管线敷设、绝缘、保温、刷油等工程。

(3)设备及工器具购置

设备及工器具购置指按照设计文件规定,对用于生产或服务于生产而又达到固定资产标准的设备、工器具的加工、订购和采购。

(4)建设项目的其他工作

建设项目的其他工作指在上述(1)、(2)、(3)项工作之外而与建设项目有关的各项工作,如筹建机构、征用土地、培训工人及其他生产准备工作等。

1.1.1.3 基本建设的程序

基本建设程序是指基本建设在整个建设过程中的各项工作必须遵循的先后次序。

一般基本建设由9个环节组成,如图1-1所示。

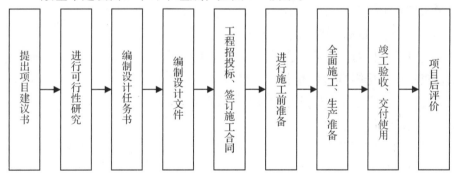

图1-1 基本建设的程序

(1)提出项目建议书

项目建议书是根据区域发展和行业发展规划的要求,结合各项自然资源、生产力状况和市场预测等,经过调查分析,为说明拟建项目建设的必要性、条件的可行性、获利的可能性,而向国家和省、市、自治区主管部门提出的立项建议书。

项目建议书的主要内容有:项目提出的依据和必要性;拟建规模和建设地点的初步设想;资源情况、建设条件、协作关系、引进技术和设备等方面的初步分析;投资估算和资金的设想;项目的进度安排;经济效益和投资效益的分析和初步估价等。

(2)进行可行性研究

有关部门根据国民经济发展规划以及批准的项目建议书,运用多种科学研究方法(政治上、经济上、技术上等),对建设项目在投资决策前进行技术经济论证,并得出可行与否的结论,即可行性研究报告。

(3)编制设计任务书(选定建设地点)

主管部门根据国民经济计划和可行性研究报告编写指导工程设计的设计任务书,它是确定建设方案的基本文件。

(4)编制设计文件

设计任务书批准后,设计文件一般由主管部门或建设单位委托设计单位编制。一般建设项目设计分阶段进行,有三阶段设计和两阶段设计之分。

①三阶段设计:初步设计(编制初步设计概算)、技术设计(编制修正概算)、施工图设计(编制施工图预算)。

②两阶段设计:初步设计、施工图设计。

对于技术复杂且缺乏经验的项目,经主管部门指定按三阶段设计。一般项目采用两阶段设计,有的小型项目可直接进行施工图设计。

(5)工程招投标、签订施工合同

建设单位根据已批准的设计文件和概预算书,对拟建项目实行公开招标或邀请招标,选定具有一定技术、经济实力和管理经验,能胜任承包任务、效率高、价格合理而且信誉好的施工单位承揽招标工程任务。

(6)进行施工前准备

开工前,应做好施工前的各项准备工作,主要内容是:征地拆迁、技术准备、平整场地,完成施工用水、电、道路等准备工作;修建临时生产和生活设施;协调图纸与技术资料的供应;落实建筑材料、设备和施工机械;组织施工力量按时进场。

(7)全面施工、生产准备

施工准备就绪,办理开工手续,取得当地建设主管部门颁发的建筑许可证即可正式施工。在施工前,施工单位要编制施工预算。为确保工程质量,必须严格按施工图纸、施工验收规范等要求施工,按照合理的施工顺序组织施工,加强经济核算。

在进行全面施工的同时,建设单位要做好各项生产准备工作,如招收和培训必要的生产人员、组织生产管理机构和进行物质准备工作等,以保证及时投产并尽快达到生产能力。

(8)竣工验收、交付使用

建设项目按批准的设计文件所规定的内容建完后,便可以组织竣工验收,这是对建设项目的全面性考核。验收合格后,施工单位应向建设单位办理竣工移交和竣工结算手续,并把项目交付建设单位使用。

(9)项目后评价

是指工程项目建设完成并投入生产或使用之后所进行的总结性评价。

项目后评价是对项目的执行过程、效益、作用和影响进行系统的、客观的分析、总结和评价,确定达到项目目标的程度,由此得出经验和教训,为将来新的项目决策提供指导与借鉴。

1.1.2 基本建设计价文件

1.1.2.1 基本建设计价文件分类

基本建设计价文件是指建筑工程概预算按项目所处的建设阶段划分的确定工程造价的文件,主要是投资估算、设计概算和施工图预算等。

(1)投资估算

投资估算是指在可行性研究阶段对建设工程预期造价所进行的优化、计算、核定及相应文件的编制。一般可按照规定的投资估算指标、类似工程的造价资料、现行的设备材料价格并结合工程实际情况进行投资估算。投资估算是判断项目可行性和进行项目决策的重要依据之一,并可作为工程造价的目标限额,为以后编制概预算做好准备。

(2)设计概算

设计概算是指在设计或初步扩大设计阶段,由设计单位以投资估算为目标,根据初步设计图纸、概算定额或概算指标、费用定额和有关技术经济资料,预先计算和确定建设项目从筹建到竣工验收、交付使用的全部建设费用的经济文件。

设计概算是国家确定和控制建设项目总投资、编制基本建设计划的依据。每个建设项目只有在初步设计和概算文件被批准之后,才能列入基本建设计划,才能开始进行施工图设计。经批准的设计总概算是确定建设项目总造价、编制固定资产投资计划、签订建设项目承包总合同和贷款总合同的依据,也是控制基本建设拨款和施工图预算以及考核设计经济合理性的依据。

(3)施工图预算

施工图预算是指在施工图设计完成后,单位工程开工前,由建设单位(或施工承包单位)根据已审定的施工图纸和施工组织设计、各项定额、建设地区的自然及技术经济条件等预先计算和确定建筑工程建设费用的技术经济文件。施工图预算是签订建筑安装工程承包合同、实行工程预算包干、拨付工程款、进行竣工结算的依据;对于实行招标的工程,施工图预算是确定标底的基础。

(4)竣工结算

竣工结算是指一个单位工程或单项工程完工后,经组织验收合格,由施工单位根据承包合同条款和计价的规定,结合工程施工中设计变更等引起工程建设费增加或减少的具体情况,编制并经建设方或委托的监理单位签证确认的,用以表达该项工程最终实际造价为主要内容,作为结算工程价款依据的经济文件。工程结算方式按工程承包合同规定办理,为维护建设单位和施工企业双方权益,应按完成多少工程付多少款的方式结算工程价款。

(5)竣工决算

竣工决算是指整个建设工程全部完工并经过验收合格后,编制的实际造价的经济文件。通过编制竣工决算书可以计算整个项目从立项到竣工验收、交付使用全过程中实际支付的全部建设费用,核定新增资产和考核投资结果。计算出的价格称为竣工决算价,它是整个建设工程的最终价格。

以上对于建设工程的计价过程是一个由粗到细、由浅入深,最终确定整个工程实际造价的过程,各计价过程之间是相互联系、相互补充、相互制约的关系,前者制约后者,后者补充前者。

1.1.2.2 基本建设程序与计价文件之间的关系

工程造价的确定与工程建设阶段性工作深度相适应,建设程序与相应各阶段计价文件的关系如图1-2所示。

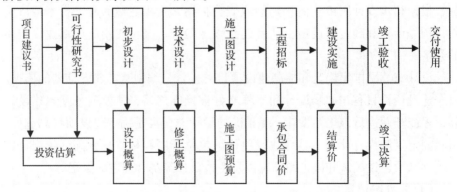

图1-2 建设程序与各阶段计价文件关系

从图 1-2 可看出：
①在项目建议书和可行性研究阶段编制投资估算。
②在初步设计和技术设计阶段，分别编制设计概算和修正设计概算。
③在施工图设计完成后，在施工前编制施工图预算。
④在项目招标阶段确定标底和报价，从而确定承包合同价。
⑤在项目实施建设阶段，分阶段或不同目标进行工程结算，即项目结算价。
⑥在项目竣工验收阶段，编制项目竣工决算。

综上所述，建设工程计价文件是基本建设文件的重要组成部分，是基本建设过程中的重要经济文件。

1.1.3　园林工程项目的划分

1.1.3.1　园林工程项目划分的内容

为了便于工程管理，使工程预算项目与预算定额中的项目一致，就必须对工程项目进行划分。一般可划分为以下 5 个部分：

(1) 建设总项目

建设总项目是指在一个或数个场地上，按照一个总体设计进行施工的各个工程项目的总和。如一个学校、一个休闲农庄、一个动物园、一个小区等就是一个建设总项目。

(2) 单项工程

单项工程是指在一个工程项目中，具有独立的设计文件，竣工后可以独立发挥工程效益的工程，它是建设项目的组成部分。一个建设项目中可以有几个单项工程，也可以只有一个单项工程。如一个学校里的教学楼、水榭、喷泉广场等。

(3) 单位工程

单位工程是指具有单列的设计文件，可以进行独立施工，但不能单独发挥作用的工程。它是单项工程的组成部分。如喷泉广场中的园建工程、给排水工程、照明工程等。

(4) 分部工程

分部工程一般是指按单位工程的各个部位或按照使用的工种、材料和施工机械不同而划分的工程项目。它是单位工程的组成部分。园建工程包括：堆砌假山及塑山工程、园路及园桥工程、园林小品工程。

(5) 分项工程

分项工程是指分部工程中按照不同的施工方法、材料、规格等而进一步划分的最基本的工程项目,具体如下:

①堆砌假山及塑山工程　分为2个分项工程,即堆砌石山和塑假石山。

②园路及园桥工程　分为2个分项工程,即园路及园桥。

③园林小品工程　分为2个分项工程,即堆塑装饰和小型设施。

1.1.3.2　园林工程项目划分的步骤

项目划分要从整体到局部计算项目的工程造价,首先应明确该项目由哪些部分组成,项目划分的步骤如下:

①明确建设项目:某小区。

②分析该建设项目的单项工程,分别是园林工程、土建工程、市政工程、水电安装工程等。

③每个单项工程进一步细分为各单位工程,如园林工程包括园林绿化工程、园建工程、园林给排水工程、园林照明工程等。

④每个单位工程分解为各分部工程,如园建工程划分为园路工程、园林建筑小品工程、假山工程等;园林绿化工程可以划分为整理绿化用地、栽植乔木、栽植灌木、栽植地被等。

⑤每个分部工程进一步划分为最基本的工程项目,即分项工程。如栽植乔木包括栽植乔木(土球或裸根)、苗木支撑、草绳绕树干等分项工程,这些都与相关定额匹配,即可得到各项目的消耗量与定额基价,为之后的套定额提供依据。

1.1.4　园林工程计价的特点

园林工程计价是以建设项目、单项工程、单位工程为对象,研究其在建设前期、工程实施和工程竣工的全过程中计算工程造价的理论、方法,以及工程造价的运动规律的学科。计算工程造价是工程项目建设中一项重要的技术与经济活动,是工程管理工作中的一个独特的、相对独立的组成部分。工程造价除具有一切商品价值的共有特点外,还具有其自身的特点,即单件性计价,多次性计价和组合性计价。

1.1.4.1　单件性计价

每一项建设工程都有指定的专门用途,所以也就有不同的结构、造型和装饰，不同的体积和面积。即使是用途相同的建设工程，技术水平、建筑等级和建筑标准也有所差别。建设工程要采用不同的工艺设备和建筑材料，施工方法、施工机械和技术组织措施等方案的选择也必须结合当地的自然和技术经济条件。这就使建筑工程的实物形态千差万别，再加上不同地区构成投资费用的各种价值要素的差别，最终导致工程造价的差别很大。因此，对于建设工程就不能像普通产品那样按照品种、规格、质量成批地定价，只能就各个项目，通过特殊的程序（编制估算、概算、预算、合同价、结算价及最后确定竣工决算价等）计算工程价格。

1.1.4.2 多次性计价

建设工程的生产过程是一个周期长、数量大的生产消费过程。包括可行性研究在内的设计过程一般较长，而且要分阶段进行，逐步加深。为了适应工程建设过程中各方经济关系的建立，适应项目管理、工程造价控制和管理的要求，需要按照设计和建设阶段进行多次计价。

1.1.4.3 组合性计价

工程建设项目有大、中、小型之分，由建设项目、单项工程、单位工程、分部工程、分项工程组成。其中，分项工程是能用较为简单的施工过程生产出来的、可以用适量的计量单位计量并便于测算其消耗的工程基本构造要素，也是工程结算中假定的建筑产品。与前述工程构成相适应，建设工程具有分部组合计价的特点。计价时，首先要对建设项目进行分解，按构成进行分部计算，并逐层汇总，即以一定方法编制单位工程的计价文件，然后汇总所有单位工程计价文件，成为单项工程计价文件；再汇总所有单项工程计价文件，形成一个建设项目建筑安装工程的总计价文件。

1.2 园林工程计价模式

1.2.1 影响园林工程价格的基本要素

工程计价的形式和方法有多种，且各不相同，但工程计价的基本过程和原理是相同的。如果仅从工程费用计算角度分析，工程计价的顺序是：分部分项工程单价→单位工程造价→单项工程造价→建设项目总造价。而影响园林工程价格的基本要素有两个，即基本构造要素的实物工程数量和基本构造

要素的单位价格,即通常说的"量"和"价",可用下式表达:

$$工程造价 = \sum_{i=1}^{n}(实物工程量 \times 单位价格) \qquad (1-1)$$

式中　i——第 i 个基本项目;

　　　n——工程结构分解得到的基本子项目数。

基本子项目的单位价格高,工程造价就高;基本子项目的实物工程数量多,工程造价也就高。

1.2.1.1　实物工程量

在进行工程计价时,实物工程量的计量单位是由单位价格的计量单位决定的。编制投资估算时,单位价格计量单位的对象取得较大,如可能是单项工程或单位工程,甚至是建设项目,即可能以整个园林项目为计量单位。这时基本子项的数量 n 可能就等于1,得到的工程价格也就较粗。编制设计概算时,计量单位的对象可以取到单位工程或扩大分部分项工程。编制施工图预算时,则是以分项工程作为计量单位的基本对象,此时工程分解结构的基本子项目会远远超过投资估算或设计概算的基本子项目,得到的工程价格也就较细,较准确。计量单位的对象取得越小,说明工程分解结构的层次越多,得到的工程价格也就越准确。工程结构分解的差异是因为人的认识不能超越客观条件,在建设前期工作中,特别是项目决策阶段,人们对拟建项目的筹划难以详尽、具体,因此对工程造价的预计也不会很精确,随着工程建设各阶段工作的深化,越接近后期,可掌握的资料越多,人们的认识也就越接近实际,预计的造价也就越接近实际造价。由此可见,工程造价预先定价的准确性,取决于人们掌握工程实际资料的完整性、可靠性以及计价工作的科学性。

基本子项目的工程实物数量可以通过项目定义及项目策划的结果或设计图纸计算得到,它可以直接反映出工程项目的规模和内容。

1.2.1.2　单位价格

对基本子项目的单位价格进行分析,其主要由两大要素构成,即完成基本子项目所需资源的数量和相应资源的价格。这里的资源主要是指人工、材料和施工机械的使用。因此,单位价格的确定可用下列计算式表示:

$$基本子项目的单位价格 = \sum_{j=1}^{m}(资源消耗量 \times 资源价格)$$

式中　j——第 j 种资源;

m——完成某一基本子项目所需资源的数目。

如果将资源按人工、材料、机械台班消耗三大类划分,则资源消耗量包括人工消耗量、材料消耗量和施工机械台班消耗量;资源价格包括人工价格、材料价格和机械台班价格。

(1) 资源消耗量

资源消耗量可以通过历史数据资料或通过实测计算等方法获得,它与劳动生产率、社会生产力水平、技术和管理水平密切相关。经过长期的收集、整理和积累,可以形成资源消耗量的数据库,通常称为工程定额。工程定额包括概算定额、预算定额、企业施工定额等是工程计价的重要依据。工程项目业主方进行的工程计价主要是依据国家或建设行政主管部门颁布的指导性定额,其反映的是社会平均生产力水平;而工程项目承包方进行的工程计价则应依据反映本企业技术与管理水平的企业定额。资源消耗量随着生产力的发展而发生变化,因此,也应不断地对工程定额进行修订和完善。

(2) 资源价格

资源价格是影响工程造价的关键要素。在市场经济体制下,工程计价时采用的资源价格应由市场形成。市场供求变化、物价变动等,会引起资源价格的变化,从而也会导致工程造价发生变化。单位价格如果只由资源消耗量和资源价格形成,其实质上仅为直接工程费单位价格。假如在单位价格中再考虑直接工程费以外的其他各类费用,则构成的是综合单位价格。

1.2.1.3 工程计价的主要依据

工程计价的主要依据包括工程技术文件、工程计价数据及数据库、市场信息与环境条件、工程建设实施方案等。

(1) 工程技术文件

工程计价的对象是工程项目,而反映一个工程项目的规模、内容、标准、功能等的是工程技术文件。根据工程技术文件,才能对工程结构做出分解,得到计价的基本子项目。依据工程技术文件,才有可能测算或计算出工程实物量,得到基本子项目的实物工程数量。因此,工程技术文件是工程计价的重要依据。

在工程建设的不同阶段所产生的工程技术文件是不同的。在项目决策阶段,包括项目意向、项目建议书、可行性研究等阶段,工程技术文件表现为项目策划文件、功能描述书、项目建议书或可行性研究报告等。在此阶段的工程计价,即投资估算的编制,主要是依据上述工程技术文件。在初步设计阶段，工程技术文件主要表现为初步设计所产生的初步设计图纸及有关设计资料。此时的工程计价，即设计概算的编制，主要是以初步设计图纸等有关资料作为依据。随着工程设计的深入，进入详细设计即施工图设计阶段，工程技术文件又表现为施工图设计资料，包括建筑施工图、结构施工图、水电安装施工图和其他施工图及设计资料。因此，在设计图设计阶段的工程计价，即施工图预算的编制，必须以施工图等有关资料为依据。

(2) 工程计价数据及数据库

工程计价数据是指工程计价时所必需的资源消耗数据、资源价格数据，有时也指单位价格数据，而一般来说，通常主要是指资源消耗数据。如前所述，工程计价数据的长期积累，就可构成工程计价数据库，或称工程定额，它是工程计价的又一个重要依据。

同工程技术文件一样，工程计价数据的粗细程度、精度等也是与工程建设的阶段密切对应的。或者说，工程计价数据库是与工程技术文件相配合、相对应的。在不同的阶段，工程计价采用的计价数据或数据库是不相同的。编制投资估算，只能采用估算指标、历史数据、类似工程数据资料等。编制设计概算，可以采用概算定额或概算指标等。编制施工图预算，可以采用消耗量定额（或预算定额）等。而工程承包商计算投标报价，则应该采用自己的企业定额。

进行工程计价时，如果采用反映资源消耗量的计价数据，则主要是将其作为计算基本子项目资源用量的依据；如果采用的是反映单位价格的计价数据，则其主要是被用作计算基本子项目工程费用的依据。

(3) 市场信息与环境条件

资源价格是由市场形成的。工程计价时采用的基本子项目所需资源的价格来自市场，随着市场的变化，资源价格也发生变化。因此，工程计价必须随时掌握市场信息，了解市场行情，熟悉市场上各类资源的供求变化及价格动态。这样，得到的工程计价才能反映市场，反映工程建造所需的真实费用。

影响价格实际形成的因素是多方面的，除了商品价值之外，还有货币的价值、供求关系以及国家政策等，有历史、自然甚至心理等方面因素的影响，也有社会经济条件的影响。进行工程计价，一般是按现行资源价格计算的。由于工程建设周期会较长，实际工程造价会因价格影响因素而变化。因此，除按现行价格计价外，还需分析物价总水平的变化趋势，物价变化的方向、幅度等。不同时期物价的相对变化趋势和程度是工程造价动态管理的重要依据。

1.2.2 工程计价模式

园林工程计价分为工程量清单计价和定额计价两种模式,两种计价模式截然不同。

定额计价是我国长期使用的一种基本方法,它是根据统一的工程量计算规则利用施工图计算工程量,然后套取定额,确定直接工程费,再根据建筑工程费用定额规定的费用计算程序计算工程造价的方法。

工程量清单计价方法是国际上通用的方法,也是我国目前广泛推行的先进计价方法,是指由招标人按照国家统一规定的工程量计算规则计算工程数量,由投标人按照企业自身的实力,根据招标人提供的工程数量,自主报价的一种模式。这种计价方法与工程招投标活动有着很好的适应性,能够有利于促进工程招投标公平、公正和高效地进行。

不论是哪种计价模式,在确定工程造价时,都是先计算工程数量,再计算工程价格。

1.2.2.1 定额计价模式

1)定额计价模式的概念

定额计价模式是我国传统的计价模式,在招投标时,不论是作为招标标底,还是投标报价,其招标人和投标人都需要按国家规定的统一工程量计算规则计算工程数量,然后按建设行政主管部门颁布的预算定额计算人工、材料、机械的费用,再按有关费用标准计取其他费用,汇总后得到工程造价。

不难看出,其整个计价过程中的计价依据是固定的,即权威性的定额。定额是计划经济时代的产物,在特定的历史条件下,起到了确定和衡量工程造价标准的作用,规范了建筑市场,使专业人士在确定工程造价时有所依据。但定额指令性过强,不利于竞争机制的发挥。

2)定额计价模式下建筑工程计价文件的编制方法

采用定额计价模式确定单位工程价格,其编制方法通常有单价法和实物法两种。

(1)单价法

单价法是利用预算定额(或消耗量定额及估价表)中各分项工程相应的定额单价来编制单位工程计价文件的方法。首先按施工图计算各分项工程的工程量(包括实体项目和非实体项目),并乘以相应单价,汇总相加,得到单位工程的定额直接工程费和技术组织措施费;再加上按规定程序计算出来的组织措施费、间接费、利润和税金等；最后汇总各项费用即得到单位工程计价文件。

单价法编制工作简单，便于进行技术经济分析。但在市场价格波动较大的情况下，会造成较大偏差，应进行价差调整。

单价法编制单位工程计价文件，其中直接工程费的计算公式为：

$$单位工程直接工程费 = \sum (工程量 \times 预算定额单价)$$

应用单价法编制单位工程计价文件的步骤如图 1-3 所示。

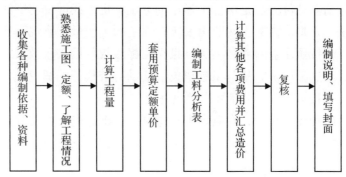

图 1-3　单价法编制单位工程计价文件步骤

①收集各种编制依据、资料　各种编制依据、资料包括施工图、施工组织设计或施工方案、现行建筑安装工程预算定额(或消耗量定额)、费用定额、预算工作手册、调价规定等。

②熟悉施工图、定额，了解现场情况和施工组织设计资料

● 熟悉施工图和定额。只有对施工图和预算定额(或消耗量定额)有全面详细的了解，才能结合定额项目划分原则，迅速而准确地确定分项工程项目并计算出工程量，进而合理地编制出建筑工程计价文件。

● 了解现场情况和施工组织设计资料。了解现场施工条件、施工方法、技术组织措施、施工设备等资料，如地质条件、土壤类别、周围环境等。

③计算工程量　工程量的计算是整个计价过程中最重要、最繁重的一个环节，是计价工作中的主要部分，直接影响着预算造价的准确性。

④套用预算定额单价

● 套用预算单价(即定额基价)，计算得到的分项工程量与相应的预算单价相乘的积，称为合价或复价。其计算式为：

$$合价(即分项工程直接工程费) = 分项工程量 \times 相应预算单价$$

● 将预算表内某一个分部工程中各个分项工程的合价相加所得的和，称

为合计,即为分部工程的直接工程费。其计算式为:

$$合计(即分部工程直接工程费) = \sum(分项工程量 \times 相应预算单价)$$

- 汇总各分部合计即得单位工程定额直接工程费。

⑤编制工料分析表　根据各分部分项工程的工程量和定额中相应项目的人工工日及材料数量,计算出各分部分项工程所需要的人工及材料数量,相加汇总得出该单位工程所需要的人工和材料数量。工料分析是计算材料价差(即动态调整费)的重要准备工作,将通过工料分析而得的各种材料数量乘以相应的单价差并汇总,即可得到材料总价差(即动态调整费)。

⑥计算其他各项费用并汇总造价　按照各地规定费用项目及费率,分别计算出间接费、利润和税金等,并汇总单位工程造价。

⑦复核　复核的内容主要是:核查分项工程项目有无漏项或重项;工程量计算公式和结果有无少算、多算或错算;套用定额基价、换算单价或补充单价是否选用合适;各项费用及取费标准是否符合规定,计算基础和计算结果是否正确;材料和人工价格调整是否正确等。

⑧编制说明、填写封面　预算编制说明及封面一般应包括以下内容:

- 施工图名称及编号;
- 所用预算定额及编制年份;
- 费用定额及材料调差的有关文件名称、文号;
- 套用单价或补充单价方面的内容;
- 遗留项目或暂估项目;
- 封面应写明工程名称、工程编号、工程量(建筑面积)、预算总造价及单方造价、编制单位名称及负责人和编制日期,审查单位名称及负责人和审核日期等。

单价法是目前国内编制单位工程计价文件的主要方法,具有计算简单、工作量较小和编制速度较快、便于工程造价管理部门集中统一管理的优点。但由于采用的是事先编制好的统一的单位估价表,其价格水平只能反映定额编制年份的价格水平,在市场经济价格波动较大的情况下,单价法的计算结果会偏离实际价格水平,虽然可采用调价,但调价系数和指数从测定到颁布又有滞后且计算也较烦琐。

(2)实物法

实物法是首先计算出分项工程量,然后套用相应预算人工、材料、机械台班的定额用量,汇总求和,再分别乘以工程所在地当时的人工、材料、机械台班的实际单价,得到直接工程费,并按规定计取其他各项费用,最后汇总就可得出单位工程价格。

实物法编制单位工程计价文件,其中直接工程费的计算公式为:

单位工程直接工程费 = $\sum$(分项工程量×人工预算定额用量×当时当地人工工资单价) + $\sum$(分项工程量×材料预算定额用量×当时当地材料预算价格) + $\sum$(分项工程量×施工机械台班预算定额用量×当时当地机械台班价格)

应用实物法编制建筑工程计价的步骤与单价法基本相同。实物法与单价法的主要区别是:实物法套用定额消耗量,采用当时当地的各类人工、材料和机器台班的实际单位来确定直接工程费。

1.2.2.2 工程量清单计价模式

1)工程量清单计价模式的概念

工程量清单计价模式是在建设工程招投标中,招标人或委托具有资质的中介机构编制工程量清单,并作为招标文件中的一部分,提供给投标人,由投标人依据工程量清单自主报价的计价方式。在工程招投标中采用工程量清单计价是国际上通行的做法。

2)工程量清单计价的方法

(1)工程量清单

工程量清单是指载明建设工程的分部分项工程项目、措施项目、其他项目的名称和相应数量以及规费项目和税金项目等内容的明细清单。由招标人按照《建设工程工程量清单计价规范》(GB 50500—2013)(以下简称《计价规范》)及《园林绿化工程工程量计算规范》(GB 50858—2013)(以下简称《计量规范》)等进行编制,包括分部分项目工程量清单、措施项目清单、其他项目清单、规费项目清单和税金项目清单。

(2)工程量清单计价

工程量清单计价是指完全由招标人提供的工程量清单所需的全部费用,包括分部分项工程费、措施项目费、其他项目费和规费、税金。工程量清单计价应采用综合单价。综合单价指完成一个规定清单项目所需的人工费、材料费和工程设备费、施工机具使用费和企业管理费、利润以及一定范围内的风险费用。

工程清单计价方法与定额计价方法中的单价法、实物法有着显著的区别，主要区别在于：工程量清单计价方法的管理费和利润等是分摊到各清单项目单价中，从而组成清单项目综合单价。

①综合单价的特点　企业的综合单价应具备以下几个特点：
- 各项平均消费水平要高于社会平均水平，体现其先进性。
- 可体现本企业在某些方面的技术优势。
- 可体现本企业局部或全部管理方面的优势。
- 所有的单价都应是动态的，具有市场性，而且与施工方案能全面接轨。

②综合单价的制订　从综合单价的特点可以看出，企业综合单价的产生并不是一件容易的事。企业综合单价的形成和发展要经历由不成熟到成熟、由实践到理论的多次反复滚动的积累过程。在这个过程中，企业的生产技术在不断发展，管理水平和管理体制也在不断更新。企业定额的制订过程是一个快速互动的内部自我完善的过程。编制企业定额，除了要有充分的资料积累外，还必须运用计算机等科学手段和先进的管理思想作为指导。

目前，由于多数施工企业还未能形成自己的企业定额，在制订综合单价时，多是参与地区定额内各相应子目人工、材料、机械消耗量，乘以自己在支付人工、购买材料、使用机械和消耗能源方面的市场单价，再加上由地区定额制订的按企业类别或工程类别(或承包方式)的综合管理费率和利润率，并考虑一定的风险因素。相当于把一个工程按清单内的细目划分成一个个独立的工程项目去套用定额，其实质仍是沿用定额计价模式去处理，只不过表现形式不同而已。

③综合单价的计算

$$\text{分部分项工程量清单项目综合单价} = \left[\sum(\text{清单项目组价内容工程量} \times \text{相应综合单价})\right] \div \text{清单项目工程数量} \quad (1\text{-}2)$$

式(1-2)中，清单项目组价内容工程量是指根据清单项目提供的施工过程和施工图设计文件确定的计价定额分项工程量。投标人使用的计价定额不同，这些分项工程的项目和数量可能是不同的。

相应综合单价是指与某一计价定额分项工程相对应的综合单价，它等于该分项工程的人工费、材料费、机械使用费合计加管理费、利润，并考虑风险因素。

清单项目工程数量是指工程量清单根据《计算规范》的工程量计算规则、计量单位确定的"综合实体"的数量。

设清单项目组价内容工程量为 B，清单项目工程量为 A，相应综合价写成"人工费 + 材料费 + 机器使用费 + 企业管理费 + 利润"，代入式(1-2)得：

$$清单项目综合单价 = \sum [(B \div A) \times 人工费 + (B \div A) \times 材料费 + (B \div A) \times 机械使用费 + (B \div A) \times 企业管理费 + (B \div A) \times 利润] \qquad (1-3)$$

式(1-3)中，管理费是指应分摊到某一计价定额分项工程中的企业管理费，可以参考建设行政主管部门颁布的费用定额来确定；利润是指某一分项工程应收取的利润，可以参考建设行政主管部门颁布的费用定额来确定。

3）工程量清单计价方法的特点

与在招投标过程中采用定额计价法相比，采用工程量清单计价方法具有以下特点：

（1）提供了一个平等的竞争条件

采用施工图预算来进行投标报价，由于设计图纸的缺陷，不同投标企业的人员理解不一，计算出的工程量也不同，报价相去甚远，容易产生纠纷。而工程量清单报价为投标者提供了一个平等竞争的条件，相同的工程量由企业根据自身的实力来填不同的单价，符合商品交换的一般性原则。

（2）满足竞争的需要

工程量清单计价让企业自主报价，将属于企业性质的施工方法、施工措施和人工、材料、机械的消耗量水平、取费等留给企业来确定。投标人根据投标人给出的工程量清单，结合自身的生产效率、消耗水平和管理能力与已储备的本企业报价资料，确定综合单价进行投标报价。对于投标人来说，报高了中不了标，报低了又没有利润，这时候就体现出了企业技术、管理水平的差异，形成了企业整体实力的竞争。

（3）有利于工程款的拨付和工程造价的最终确定

中标后，业主要与中标施工企业签订施工合同，在工程量清单报价基础上的中标价就成为合同价的基础，投标清单上的单价成为拨付工程款的依据。业主根据施工企业完成的工程量，可以很容易地确定进度款的拨付额。工程竣工后，再根据设计变更、工程量的增减乘以相应单价，业主也可以很容易确定工程的最终造价。

（4）有利于实现风险的合理分担

采用工程清单计价模式后，投标单位只对自己所报的成本、单价等负责，而不对工程量的变更或计算错误等负责任。相应地，这一部分风险则应由业主承担，这种格局符合风险合理分担与责任权关系对等的一般原则。

（5）有利于业主对投资的控制

采用现在的施工图预算形式，业主对因设计变更、工程量的增减所引起的工程造价变化不敏感，往往等竣工结算时才知道这些对项目投资的影响有多大。而采用工程量清单计价的方式在要进行设计变更时，能马上知道它对工程造价的影响，这样业主就能根据投资情况来决定是否变更或进行方案比较，以决定最恰当的处理方法。

由于工程数量由招标人统一提供，增大了招投标市场的透明度，为投标企业提供了一个公平合理的基础环境，真正体现了建设工程交易市场的公平、公正。工程价格由投标人自主报价，即定额不再作为计价的唯一依据。政府不再有任何参与，而是由企业根据自身技术专长、材料采购渠道和管理水平等，制定企业自己的报价定额，自主报价。

4）工程量清单计价与定额计价的区别与联系

（1）工程量清单计价与定额计价的区别

①计价依据不同

- 定额计价模式下，其计价依据的是各地区建设主管部门颁布的预算定额及费用定额。
- 工程量清单计价模式下，投标单位投标报价时，其计价依据的是各投标单位所编制的企业定额和市场价格信息。

②"量""价"确定的方式方法不同　影响工程价格的两大因素是工程数量和其相应的单位。

- 定额计价模式下，招投标工作中，工程数量由各投标单位分别计算，相应的单价按统一的规定预算定额计取。
- 工程量清单计价模式下，招投标工作中，工程数量由招投标人按照国家规定的统一工程量计算规则计算，并提供给各投标人。各投标单位在"量"一致的前提下，根据各企业的技术、管理水平的高低，材料、设备的进货渠道和市场价格信息，同时考虑竞争的需要，自主确定单价，且竞标过程中，合理低价中标。

从上述区别中可以看出：工程量清单计价模式下把定价权交给企业，因为竞争的需要，促使投标企业通过科技、创新、加强施工项目管理等来降低工程成本。同时不断采用新技术、新工艺施工，以达到获得期望利润的目的。

③反映的成本价不同

- 工程量清单计价，反映的是个别成本。各个投标人根据市场的人工、材料、机械价格行情，自身技术实力和管理水平投标报价，其价格有高有低，具有多样性。招标人在考虑投标单位综合素质的同时选择合理的工程造价。
- 定额计价，反映的是社会平均成本，各投标人根据相同的预算定额及估价表投标报价，所报的价格基本相同。不能反映中标单位的真正实力。由于预算定额的编制是按社会平均消耗量考虑，所以其价格反映的是社会平均价，也就是给招标人提供盲目压价的可能，从而造成结算突破预算的现象。

④风险承担人不同

- 定额计价模式下承发包计价、定价，其风险承担人是由合同价的确定方式决定的。采用的定价合同，其风险由承包人承担；采用可调价合同，其风险由发、承包人共担。但在合同中往往明确了工程结算时按实调整。实际上风险基本上由发包人承担。
- 工程量清单计价模式下实行风险共担、合理分摊的原则、发包人承担计量的风险。承包人应完全承担的风险是技术风险和管理风险，如管理消费和利润；应有限度承担的是市场风险，如材料价格、施工机械使用费等风险；应完全不承担的是法律、法规、规章和政策变化风险。

⑤项目名称划分不同

- 定额计价模式中项目名称按"分项工程"划分，而工程量清单计价模式中的有些项目名称综合了定额计价模式下的若干个分项工程，如基础挖土方项目综合了挖土、支挡土板、地基钎探、运土等。清单编制人及投标人应充分熟悉规范，确保清单编制及价格确定的准确性。
- 定额计价模式中项目内包含施工方法因素，而工程量计价模式中不含。如定额计价模式下的基础挖土方项目，分为人工挖、机械挖以及何种机械挖；而工程量清单计价模式下，只有基础挖土方项目。

综上所述，两种不同计价模式的本质区别在于：工程量和工程价格的来源不同，定额计价模式下"量"由投标人计算（在招投标过程中），"价"按统一规定计取；而工程量清单计价模式，"量"由招标人统一提供（在招投标过程中），"价"由投标人根据自身实力、市场各种因素，考虑竞争需要自主报价。工程量清单计价模式能真正实现"客观、公正、公平"的原则。

(2)工程量清单计价与定额计价的联系

①《计价规范》中清单项目的设置，参考了全国统一定额的项目划分，注

意了清单计价项目设置与定额计价项目设置的衔接，以便于工程量清单计价模式的推广。

②《计价规范》附录中的"工程内容"基本上取自原定额项目（或子目）设置的工作内容，它是综合单价的组价内容。

③工程量清单计价，企业需要根据自己企业实际消耗成本报价，在目前多数企业没有企业定额的情况下，现行全国统一定额或各地区建设主管部门发布的预算定额（或消耗量定额）可作为重要参考。所以工程量清单的编制与计价，与定额有着密不可分的联系。

【练习题】
1. 什么是基本建设？
2. 计价文件有哪些分类？
3. 清单计价的优势有哪些？

【思考题】
定额计价和清单计价有什么区别和联系？

【讨论题】
造价分为几个阶段？每个阶段对应的相关计价文件之间有什么关系？

单元 2
工程量清单计价规范与编制程序

【知识目标】

(1) 了解工程量清单编制的依据。

(2) 了解计量计价规范的组成。

【技能目标】

(1) 能准确描述清单项目特征。

(2) 能完整编制工程量清单。

工程量清单是指载明建设工程分部分项工程项目、措施项目、其他项目的名称和相应数量以及规费、税金项目等内容的明细清单。

(1)《建设工程工程量清单计价规范》(以下简称《计价规范》)规定

①招标工程量清单应由具有编制能力的招标人或受其委托，由具有相应资质的工程造价咨询人编制。

②招标工程量清单必须作为招标文件的组成部分，其准确性和完整性由招标人负责。

③招标工程量清单是工程量清单计价的基础，应作为编制招标控制价、投标报价、计算或调整工程量索赔等的依据之一。

④招标工程清单应以单位(项)工程为单位编制，应由分部分项工程项目清单、措施项目清单、其他项目清单、规费和税金项目清单组成。

(2)编制工程量清单依据

①《建设工程工程量清单计价规范》 规范中规定了工程量清单编制的内容和格式要求。

②《园林绿化工程工程量计算规范》 编制工程量清单，其项目编码、项目特征的描述、工程量计算及计量单位的确定依据该规范。

③国家或省级、行业建设主管部门颁发的计价定额和办法。

④建设工程设计文件

• 建设工程设计文件是计算分部分项工程量清单项目工程数量的依据，是确定清单项目施工过程、撰写清单项目名称和项目特征的依据。

• 建设工程设计文件也是考虑合理的施工方法、确定措施项目的依据。除建设工程设计文件外还有与建设工程项目有关的标准、规范、技术资料等，都是编制工程量清单的依据。

⑤招标文件及其补充通知、答疑纪要 招标文件及其补充通知、答疑纪要，可以向工程量清单编制人提供下列信息：

• 建设工程的招标范围：划定了计算工程量清单项目工程量的范围。

• 工程建设标准的高低、工程的复杂程度、发包人对工程管理的要求：直接影响其他项目清单的内容。

• 工程概况、工期和工程质量的要求：是确定合理施工方法的依据，是编制措施项目清单的基础。

⑥施工现场情况、工程特点及常规施工方案 是清单编制人编制措施项

目清单的依据。

2.1 计量与计价规范概述

2012年12月25日,住房和城乡建设部发布《建设工程工程量清单计价规范》(GB 50500—2013)及《园林绿化工程工程量计算规范》(GB 50858—2013)(以下简称《计量规范》)等9本工程量计算规范,自2013年7月1日起实施。2008版清单计价规范同时废止。

2.1.1 计量计价规范的组成

2.1.1.1 《计价规范》的组成

《计价规范》由正文和附录两部分组成,其中正文包括:总则、术语、工程量清单编制、工程量清单计价、工程量清单计价表格。

1)总则

总则中规定了《计价规范》的目的、依据、适用范围,工程量清单计价活动应遵循的基本原则及附录的作用。

(1)目的

规范工程造价计价行为,统一建设工程工程量清单的编制和计价方法。

(2)依据

根据《中华人民共和国建筑法》《中华人民共和国合同法》《中华人民共和国招标投标法》等法律法规,制定本规范。

(3)适用范围

本规范适用于建设工程发承包及实施阶段的计价活动。

建设工程是指建筑工程、装饰装修工程、安装工程、市政工程、园林绿化工程和矿山工程。

工程量清单计价活动是指从招投标开始至工程竣工结算全过程的计价活动。包括工程量清单的编制,工程量清单招标控制价编制,工程量清单投标报价编制,工程合同价款的约定,合同价款的调整、期中支付、争议的解决,竣工结算的办理等活动。

强制规定了"使用国有资金投资的建设工程发承包,必须采用工程量清单计价"。

国有资金投资的工程建设项目包括使用国有资金投资项目和国家融资项

目投资的工程建设项目。

①使用国有资金投资项目范围
- 使用各级财政预算资金的项目;
- 使用纳入财政管理的各种政府性专项建设资金的项目;
- 使用国有企事业单位自有资金,并且国有资产投资者实际又有控制权的项目。

②国家融资项目的范围
- 使用国家发行债券所筹资金的项目;
- 使用国家对外借款或者担保所筹资金的项目;
- 使用国家政策性贷款的项目;
- 国家授权投资贷款的项目;
- 国家特许的融资项目。

(4)工程量清单计价活动应遵循的原则

工程量清单计价是市场经济的产物,并随着市场经济的发展而发展,必须遵循市场经济活动的基本原则,即"客观、公正、公平"。工程量清单计价活动,除应遵守《计价规范》外,还应符合国家现行有关标准的规定。

2)术语

按照编制标准规范的基本要求,术语是对本规范特有名词给予的定义,以尽可能避免本规范贯彻实施过程中由于不同理解造成的争议,本规范术语共计52条。

3)工程量清单编制

规定了工程量清单编制人,工程量清单的组成,工程量清单的编制依据、原则等。

4)工程量清单计价

规定了工程量清单计价活动的工作范围,包括招标控制价编制、投标报价、工程合同价款的约定、工程计量的原则、合同价款的调整、竣工结算与支付等内容。

5)工程量清单计价表格

规定了工程量清单计价的统一格式和填写方法,详见本单元2.6工程量清单计价表格。

2.1.1.2 《计量规范》的组成

《计量规范》由总则、术语、工程计量、工程量清单编制与附录组成。

1)总则

说明了制定本规范的目的、本规范的使用范围。强制规定了"园林绿化工程计价,必须按本规范规定的工程量计算规则进行工程计量"。

2)术语

对"工程量清单、工程量计算、园林工程、绿化工程"做了明确定义。

3)工程计量

对规范在工程量计算过程中的应用进行说明。

4)工程量清单编制

对分部分项工程项目、措施项目清单的编制做了较具体的规定。

5)附录

附录包括绿化工程,园路、园桥工程,园林景观工程,措施项目共四部分。

绿化工程计算规范附录的内容是以表格形式体现的,包括项目编码、项目名称、项目特征、计量单位、工程量计算规则和工作内容,其格式见表2-1。

表2-1 工程量计算规范附录的表现形式

项目编码	项目名称	项目特征	计量单位	工程量计算规则	工程内容
050101001	砍伐乔木	树干胸径	株	按数量计算	1. 砍伐; 2. 废弃物运输; 3. 场地清理

(1)项目编码

项目编码是分部分项工程和措施项目清单项目名称的阿拉伯数字标识,是构成工程量清单的五要件之一。编码共设12位数字,《计量规范》统一到前9位,10~12位应根据拟建工程的工程量清单项目名称设置,同一个招标工程的项目编码不得有重码。

(2)项目名称

项目的设置或划分是以形成工程实体为原则,所以项目名称均以工程实体命名。所谓实体是指形成生产或工艺作用的主要实体部分,对附属或次要部分均不设置项目。

(3)项目特征

项目特征是指构成分部分项工程量清单、措施项目自身价值的本质特征,是用来表述项目名称的,它直接影响实体的自身价值(或价格)。

(4)计量单位

附录中的计量单位均采用基本计量单位,如 m^3、m^2、m、t 等,编制清单或报价时一定要以附录中规定的计量单位计算。

(5)工程量计算规则

附录中每一个清单项目都有一个相应的工程量计算规则。

(6)工程内容

工程内容是完成项目实体所需的所有施工工序,完成项目实体的工程内容或多或少会影响到该项目价格的高低。

附录中"工程内容"栏所列的工程内容没有区别不同设计而逐一列出,就某一个具体工程项目而言,确定综合单价时,附录中的工程内容仅供参考。

2.1.2 计量计价规范的特点

2.1.2.1 强制性

主要表现在:一是由建设主管部门按照国家强制性标准的要求批准发布,规定使用国有资金投资的建设工程发承包,必须采用工程量清单计价,且国有资金投资的建设工程招标,招标人必须编制招标控制价;二是明确了工程量清单必须作为招标文件的组成部分,其准确性和完整性由招标人负责,规定了招标人在编制分部分项工程量清单时应包括的 5 个要件,并明确了安全文明施工费、规费和税金应按国家或省级、行业建设主管部门的规定计价,不得作为竞争性费用,为建立全国统一的建设市场和规范计价行为提供了依据。

2.1.2.2 竞争性

主要表现在:一是规范中规定,招标人提供工程量清单,投标人依据招标人提供的工程量清单自主报价;二是规范中没有人工、材料和施工机械消耗量,投标企业可以依据企业定额和市场价格信息,也可以参照建设主管部门发布的社会平均消耗量定额,按照规范规定的原则和方法进行投标报价。将报价权交给了企业,必然促使企业提高管理水平,引导企业学会编制企业自己的消耗量定额,适应市场竞争和投标报价的需要。

2.1.2.3 通用性

主要表现在:一是规范中对工程量清单计价表格的表达格式进行了统一规定,这样,不同省市、不同地区和行业在工程施工招投标过程中,就有了互相竞争的统一标准,有利于公平、公正竞争;二是规范编制考虑了与国际惯例的接轨,工程量清单计价是国际上通行的计价方法。规范的规定,符合工程量计算方法标准化、工程量计算规则统一化、工程造价确定市场化的要求。

2.1.2.4 实用性

主要表现在:《计量规范》中工程量清单项目及计算规则的项目名称表现的是工程实体项目,项目名称明确清晰、工程量计算规则简洁明了,特别还列有项目特征和工程内容,编制工程量清单时易于确定项目的具体名称,也便于投标人投标报价。

2.2 分部分项工程量清单的编制

分部分项工程量清单是指构成建设工程实体的全部分项实体项目名称和相应数量的明细清单,其格式见表2-2所列。

表2-2 分部分项工程量清单与计价表 工程名称:××××

序号	项目编码	项目名称	项目特征描述	计量单位	工程量	金额(元)		
						综合单价	合价	其中暂估价
绿化工程								
1	050102001001	栽植乔木	种类:桂花 树干胸径:10cm	株	1			

分部分项工程量清单必须根据相关工程现行国家计量规范规定的项目编码、项目名称、计量单位和工程量计算规则进行编制。

《计量规范》规定:

①工程量清单应根据附录规定的项目编码、项目名称、项目特征、计量单位和工程量计算规则进行编制。

②工程量清单的项目编码,应采用12位阿拉伯数字表示,1~9位应按附录的规定设置,10~12位应根据拟建工程的工程量清单项目名称和项目特征设置,同一招标工程的项目编码不得有重码。

③工程量清单的项目名称应按附录的项目名称结合拟建工程的实际确定。

④工程量清单项目特征应按附录中规定的项目特征,结合拟建工程项目的实际予以描述。

⑤工程量清单中所列工程量应按附录中规定的工程量计算规则计算。

⑥工程量清单的计量单位应按附录中规定的计量单位确定。

⑦编制工程量清单出现附录中未包括的项目,编制人应做补充,并报省级或行业工程造价管理机构备案,省级或行业工程造价管理机构应汇总并报住房和城乡建设部标准定额研究所。

2.2.1 项目编码

按《计价规范》规定,采用5级编码,由12位阿拉伯数字表示。1至9位为统一编码,即必须依据规范设置。10~12为清单项目名称顺序码,应根据拟建工程的工程量清单项目名称设置。其中第1、2位(1级)为专业工程代码;第3、4位(2级)为附录分类顺序码;第5、6位(3级)为分部工程顺序码;第7~9位(4级)为分项工程顺序码;第10~12位(5级)为清单项目名称顺序码。第5级编码由清单编制人根据设置的清单项目自行编制。

1)专业工程代码(第1、2位,表2-3)

表2-3 专业工程代码

第1、2位编码	专业工程
01	房屋建筑与装饰工程
02	仿古建筑工程
03	通用安装工程
04	市政工程
05	园林绿化工程
06	矿山工程
07	构筑物工程
08	城市轨道交通工程
09	爆破工程

2)附录分类顺序码(第3、4位,表2-4)

以园林绿化工程为例。

表2-4 附录分类顺序码

第3、4位编码	附录	对应的项目	前4位编码
01	A	绿化工程	0501
02	B	园路、园桥工程	0502
03	C	园林景观工程	0503
04	D	措施项目	0504

3）分部工程顺序码（第5、6位，表2-5）

以园林绿化工程为例。

表2-5 分部工程顺序码

第5、6位编码	对应的附录	适用的分部工程（不同结构构件）	前6位编码
01	A.1	绿化整理	050101
02	A.2	栽植花木	050102
03	A.3	绿地喷灌	050103
⋮	⋮	⋮	⋮

4）分部工程顺序码（第7~9位，表2-6）

以绿化整理分项工程为例。

表2-6 分项工程顺序码

第7~9位编码	对应的附录	适用的分部工程（不同结构构件）	前9位编码
001	A.1	砍伐乔木	050101001
002	A.1	挖树根（蔸）	050101002
003	A.1	砍挖灌木丛及根	050101003
004	A.1	砍挖竹及根	050101004
005	A.1	砍挖芦苇（或其他水生植物）及根	050101005
006	A.1	清除草皮	050101006
⋮	⋮	⋮	⋮

5）清单项目名称顺序码（第10~12位）

以砍伐乔木为例进行说明。

砍伐乔木要考虑乔木的胸径等要求，其编码由清单编制人在全国统一9位编码的基础上，在第10~12位上自行设置，编制出项目名称顺序码001、002、003等，如砍伐胸径5cm樟树，编码050101001001；砍伐胸径10cm樟树，编码050101001002；砍伐胸径15cm樟树，编码050101001003。

清单编制人在自行设置编码时应注意：

①一个项目编码对应一个项目名称、计量单位、计算规则、项目特征、综合单价。

②同一个单位工程中第五级编码不应重复。即同一性质项目，只要形成的综合单价不同，第五级编码就应分别设置。

③清单编制人在自行设置编码时，要慎重考虑并项。

2.2.2 项目名称

分部分项工程量清单的项目名称,应按附录的项目名称结合拟建工程的实际确定。

《计价规范》中,项目名称一般是以"工程实体"命名的。

在进行工程量清单项目设置时,切记不可只考虑附录中的项目名称,忽视附录中的项目特征及完成的工程内容,而造成工程量清单项目的丢项、错项或重复列项。

2.2.3 项目特征

项目特征是指分部分项工程量清单自身价值的本质特征。清单项目特征应按附录中规定的项目特征,结合拟建工程项目的实际予以描述。如某园路项目特征如下:300mm×300mm×30mm 光面黄锈石贴面,10mm 厚1:2水泥砂浆结合层,100mm 厚 C15 混凝土垫层,100mm 碎石垫层,素土夯实。

实行工程量清单计价,在招标工作中,招标人提供工程量清单,投标人依据工程量清单自主报价,而分部分项工程量清单的项目特征是确定一个清单综合单价的重要依据,因而需要对工程量清单项目特征进行仔细、准确的描述,以确保投标人准确报价。

在编制分部分项工程量清单进行项目特征描述时:

(1)必须描述的内容

①涉及正确计量的内容 如栽植乔木应描述乔木的胸径尺寸,《计价规范》规定种植乔木的计量单位是"株",栽植1株乔木的规格将影响到主材费用、栽植时所采用的施工方式等,直接关系到种植的价格,所以必须描述。

②涉及结构要求的内容 如混凝土构件的混凝土强度等级,是使用 C20 还是 C30 或 C40 等,因混凝土强度等级不同,其价格也不同,必须描述。

③涉及材质及品牌要求的内容 如油漆的品种,是调和漆还是硝基清漆等;砌体砖的品种,是页岩砖还是煤类砖等,材质及品牌直接影响清单项目价格,必须描述。

④涉及安装方式的内容 塑料管是黏接连接还是热熔连接等,必须描述。

⑤组合工程内容的特征　如《计量规范》中花池清单项目,组合的工程内容有:垫层铺设、基础砌(浇)筑、墙体砌(浇)筑、面层铺贴。任何一道工序的特征描述不清或不描述,都会造成投标人组价时漏项或错误,因而必须进行详细描述。

(2)可不详细描述的内容

①无法准确描述的内容　如土壤类别,由于我国幅员辽阔,南北东西差异较大,特别是对于南方来说,在同一地点,由于表土层与表层土以下的土壤,其类别是不相同的,要求清单编制人准确判定某类土壤所占的比例困难,在这种情况下,可考虑将土壤类别描述为综合,注明由投标人根据地勘资料确定土壤类别,决定报价。

②施工图纸、标准图集标注明确的内容　对这些项目可描述为见××图集××页号及节点大样等。由于施工图纸、标准图集是发、承包双方都应遵守的技术文件,这样描述,可以有效减少在施工过程中对项目理解的不一致。

2.2.4　计量单位

《计价规范》规定:分部分项工程量清单中的计量单位应按附录中统一规定的计量单位确定,如挖土方的计量单位为 m^3,整理绿化用地工程工程量计量单位为 m^2,钢筋工程计量单位为 t 等。

2.2.5　工程数量

工程数量的计算,应按《计价规范》规定的统一计算规则进行计量。

工程数量的有效位数应遵守下列规定:

(1)以 t 为单位,应保留小数点后三位数字,第四位四舍五入。

(2)以 m^3、m^2、m 为单位,应保留小数点后两位数字,第三位四舍五入。

(3)以个、项等为单位,应取整数。

2.2.6　分部分项工程量清单的编制程序

在进行分部分项工程量清单编制时,其编制程序如图 2-1 所示。

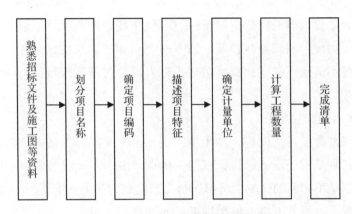

图 2-1　分部分项工程量清单编制程序

【案例 2-1】　绿化工程分部分项工程量清单编制

已知某小游园建设面积约 1200m², 其中游园入口铺装面积 80m²（面层：300×300×30mm 芝麻白花岗岩火烧板；结合层：20mm 厚 1:2 水泥砂浆；基层：100mm 厚 C10 混凝土；垫层：100mm 厚碎石），园路面积 100m²（面层：200×100×50mm 红色透水砖；结合层：50mm 厚中砂；垫层：150mm 厚碎石）。现场土质为二类土，种植土需换填 300m³，设计种植香樟（数量：10 株；胸径：10cm；树高：4.5~5.0m；冠幅：3.5~4.0m、全冠）、桂花（数量：2 株；胸径：15cm；树高：3.5~4.0m；冠幅：4.0~4.5m、全冠）、樱花（数量：5 株；胸径：8cm；树高：2.0~2.5m；冠幅：2.5~3.0m、全冠）、紫薇（数量：5 株；胸径：5cm；树高：1.5~2.0m）、春鹃（数量：150m²；树高：0.3~0.4m；栽植密度：49 株/m²）、红叶石楠（数量：150m²；树高：0.3~0.4m；栽植密度：49 株/m²）、台湾青草（数量：720m²，满铺），苗木种植施工采用人工浇水，带土球种植，养护期 1 年。

请根据以上资料完成该小游园绿化工程分部分项工程量清单编制。

解：

1. 项目名称：栽植乔木。
2. 项目特征：(1) 种类：香樟；(2) 胸径：15cm；(3) 株高、冠径：3.5~4.0m、4.0~4.5m；(4) 起挖方式：带土球；(5) 养护期：1 年。
3. 项目编码：050102001001。
4. 计量单位：株。
5. 工程数量：略。
6. 表格填写：表 2-7。

表 2-7 绿化工程分部分项工程量清单与计价表

工程名称：某绿化工程

序号	项目编码	项目名称	项目特征描述	计量单位	工程量	金额(元)		其中 暂估价
						综合单价	合价	
1	050101010001	整理绿化用地	1. 回填土质要求； 2. 取土运距； 3. 回填厚度； 4. 找平找坡要求； 5. 弃渣运距	m^2	略			
2	050102001001	栽植乔木	1. 种类：香樟； 2. 胸径：15cm； 3. 株高：4.5~5.0m，冠径：3.5~4.0m； 4. 起挖方式：带土球； 5. 养护期：1年	株	略			
3	050102001002	栽植乔木	1. 种类：桂花； 2. 胸径：15cm； 3. 株高：3.5~4.0m，冠径：4.0~4.5m； 4. 起挖方式：带土球； 5. 养护期：1年	株	略			
4	050102001003	栽植乔木	1. 种类：樱花； 2. 胸径：8cm； 3. 株高：2.0~2.5m，冠径：2.5~3.0m； 4. 起挖方式：带土球； 5. 养护期：1年	株	略			
5	050102001004	栽植乔木	1. 种类：紫薇； 2. 胸径：5cm； 3. 株高：1.5~2.0m； 4. 起挖方式：带土球； 5. 养护期：1年	株	略			
6	050102004001	栽植灌木	1. 种类：春鹃； 2. 栽植密度：49株/m^2； 3. 株高：0.3~0.4m； 4. 起挖方式：带土球； 5. 养护期：1年	m^2	略			
7	050102004002	栽植灌木	1. 种类：红叶石楠； 2. 栽植密度：49株/m^2； 3. 株高：0.3~0.4m； 4. 起挖方式：带土球； 5. 养护期：1年	m^2	略			

（续）

序号	项目编码	项目名称	项目特征描述	计量单位	工程量	金额(元)		
						综合单价	合价	其中暂估价
8	050102012001	铺种草皮	1. 草皮种类：台湾青草； 2. 铺种方式：满铺； 3. 养护期：1 年	m²	略			
9	050201001001	园路	1. 路床土石类别：二类土； 2. 垫层：100mm 厚碎石； 3. 路面：300×300×30mm 芝麻白花岗岩火烧板； 4. 结合层：20mm 厚 1:2 水泥砂浆； 5. 基层：100mm 厚 C10 混凝土	m²	略			
10	050201001002	园路	1. 路床土石类别：二类土； 2. 垫层：150mm 厚碎石； 3. 路面：200×100×50mm 红色透水砖； 4. 结合层：50mm 厚中砂	m²	略			

2.3 措施项目清单的编制

措施项目清单是指为完成工程项目施工，发生于该工程施工准备和施工过程中的技术、生活、安全、环境保护等方面的项目，如脚手架工程、模板工程、安全文明施工、冬雨季施工等。

2.3.1 措施项目清单的列项条件

为完成工程项目施工，可以列项的措施项目清单见表 2-8。

表 2-8 措施项目的列项条件

序号	项目名称	措施项目发生的条件
1	安全文明施工（包括：环境保护、文明施工、安全施工、临时设施）	正常情况下都要发生
2	脚手架工程	
3	混凝土模板及支架	
4	垂直运输	
5	二次搬运	
6	地上、地下设施、建筑物的临时保护设施	
7	已完工程及设备保护	

（续）

序号	项目名称	措施项目发生的条件
8	大型机械设备进出场及安拆	施工方案中有大型机具的使用方案，拟建工程必须使用大型机具
9	超高施工增加	
10	施工排水、降水	依据水文地质资料，拟建工程的地下施工深度低于地下水位
11	夜间施工	拟建工程有必须连续施工的要求，或工期紧张有夜间施工的倾向
12	非夜间施工照明	在地下室等特殊施工部位施工时
13	二次搬运	施工场地条件限制所发生的材料、成品等二次或多次搬运
14	冬雨季施工	冬雨季施工时

计量计价规范规定：

①措施项目清单应根据拟建工程的实际情况列项。

②能计量的措施项目（即单价措施项目），其清单编制同分部分项工程量清单。

能计量的措施项目有：脚手架工程，混凝土模板及支架，垂直运输，超高施工增加，大型机械设备进出场及安拆，施工排水、降水。

③不能计量的措施项目编制工程量清单时，按表2-9完成。

表2-9 总价措施项目清单与计价表

序号	项目编码	项目名称	计算基础	费率（%）	金额（元）	调整费率（%）	调整金额（元）	备注
1	050405001	安全文明施工						
2	050405002	夜间施工						
3	050405003	非夜间施工照明						
4	050405004	二次搬运						
5	050405005	冬雨季施工						
6	050405006	反季节栽植影响措施						
7	050405007	地上、地下设施、建筑物的临时保护设施						
8	050405008	已完工程及设备保护						

2.3.2 可以计算工程量的措施项目清单的编制

措施项目中,可以计算工程量的项目,典型的有模板工程、脚手架工程、树木支撑架、草绳绕树干、搭设遮阴(防寒)棚工程等。

【案例 2-2】 措施项目清单编制

请根据【案例 2-1】资料完成该小游园绿化工程措施项目清单编制。

解:

该工程措施项目清单见表 2-10。

表 2-10 单价措施项目清单与计价表

工程名称:某绿化工程

序号	项目编码	项目名称	项目特征描述	计量单位	工程量	金额(元)		
						综合单价	合价	其中暂估价
1	050403001001	树木支撑架	1. 支撑类型、材质:三脚桩、树棍桩; 2. 支撑材料规格:2m; 3. 单株支撑材料数量:10 株	株	略			
2	050403002001	草绳绕树干	1. 胸径(干径):15cm; 2. 草绳所绕树干高度:1m	株	略			
3	050402001001	现浇混凝土垫层	1. 模板材料种类:木模板; 2. 支架材料种类:木支撑	m²	略			

2.4 其他项目清单的编制

其他项目清单是指除分部分项工程量清单、措施项目清单外的,由于招标人的特殊要求而设置的项目清单。

《计价规范》规定:

(1)其他项目清单宜按照下列内容列项:

①暂列金额;

②暂估价,包括材料暂估价、专业工程暂估价;

③计日工;

④总承包服务费。

(2)出现上述未列的项目,可根据工程实际情况补充。

2.4.1 暂列金额

暂列金额是招标人在工程量清单中暂定并包含在合同价款中的一笔款项。用于施工合同签订时尚未确定或者不可预见的所需材料、设备、服务的采购，施工中可能发生的工程变更、合同约定调整因素出现时的工程价款调整以及发生的索赔、现场签证确认等的费用。

《计价规范》要求招标人将暂列金额与拟用项目明细列出，但如确实不能详列也可只列暂定金额总额，投标人应将上述暂列金额计入投标总价中。

2.4.2 暂估价

暂估价是指招标人在工程量清单中提供的用于支付必然发生但暂时不能确定价格的材料的单价以及专业工程的金额。

2.4.3 计日工

计日工是指在施工过程中，完成发包人提出的施工图纸以外的零星项目或工作(所需的人工、材料、施工机械台班等)，按合同中约定的综合单价计价。

2.4.4 总承包服务费

总承包服务费是指总承包人为配合协调发包人进行的工程分包，对自行采购的设备、材料等进行管理、服务以及施工现场管理、竣工资料汇总整理等服务所需的费用。

2.5 规费、税金项目清单的编制

规费项目清单是指根据省级政府或省级有关权力部门规定必须缴纳的，应计入建筑安装工程造价的费用项目明细清单。

《计价规范》规定，规费项目清单包括：社会保险费(包括养老保险费、失业保险费、医疗保险费、工伤保险费、生育保险费)；住房公积金；工程排污费。

当出现《计价规范》上述未列的项目时，投标人应根据省级政府或省级有关权力部门的规定列项。

《计价规范》规定,税金项目清单应包括增值税。当出现计价规范未列项目时,应根据税务部门的规定列项。

2.6 工程量清单计价表格

按《计价规范》规定,计价表格的组成及表样如下(仅招标工程量清单和招标控制价、投标报价部分):

(1)封面
①招标工程量清单封面(表2-11);
②招标控制价封面(表2-12);
③投标总价封面(表2-13)。

(2)扉页
①招标工程量清单扉页(表2-14);
②招标控制价扉页(表2-15);
③投标总价扉页(表2-16)。

(3)工程计价总说明(表2-17)

(4)工程计价汇总表
①建设项目招标控制价/投标报价汇总表(表2-18);
②单项工程招标控制价/投标报价汇总表(表2-19);
③单位工程招标控制价/投标报价汇总表(表2-20)。

(5)分部分项工程和措施项目计价表
①分部分项工程和单价措施项目清单与计价表(表2-21);
②综合单价分析表(表2-22);
③总价措施项目清单与计价表(表2-23)。

(6)其他项目计价表
①其他项目清单与计价汇总表(表2-24);
②暂列金额明细表(表2-25);
③材料(工程设备)暂估单价及调整表(表2-26);
④专业工程暂估价及结算价表(表2-27);
⑤计日工表(表2-28);
⑥总承包服务费计价表(表2-29)。

(7)规费、税金项目计价表(表2-30)

表 2-11　招标工程量清单封面

```
_____工程

         招标工程量清单




    招标人：_____
              （单位盖章）
    造价咨询人：_____
              （单位盖章）


            年    月    日
```

表 2-12　招标控制价封面

```
_____工程

          招标控制价




    招标人：_____
              （单位盖章）
    造价咨询人：_____
              （单位盖章）


            年    月    日
```

表 2-13　投标总价封面

_____工程

投标总价

投标人：_____
　　　　　　（单位盖章）

年　　月　　日

表 2-14　招标工程量清单扉页

_____工程

招标工程量清单

招标人：_____　　　造价咨询人：_____
　　　（单位盖章）　　　　　　　　　　（单位资质专用章）
法定代表人　　　　　　　　　　　　法定代表人
或其授权人：_____　　或其授权人：_____
　　　（签字或盖章）　　　　　　　　　（签字或盖章）
编制人：_____　　　　复核人：_____
　　（造价人员签字盖专用章）　　　　（造价工程师签字盖专用章）

编制时间：　年　月　日　　　　　　复核时间：　年　月　日

表 2-15　招标控制价扉页

_____工程

招标控制价

招标控制价(小写)：_____
　　　　　(大写)：_____

招标人：_____　　　造价咨询人：_____
　　　　　(单位盖章)　　　　　　　　　　　　(单位资质专用章)

法定代表人　　　　　　　　　　　　　　法定代表人
或其授权人：_____　　或其授权人：_____
　　　　　(签字或盖章)　　　　　　　　　　　　(签字或盖章)

编制人：_____　　　复核人：_____
　　(造价人员签字盖专用章)　　　　　　(造价工程师签字盖专用章)

编制时间：　年　月　日　　复核时间：　年　月　日

表 2-16　投标总价扉页

投标总价

招标人：_____
工程名称：_____
招标控制价(小写)：_____
　　　　　(大写)：_____
投标人：_____
　　　　　　　　　　　　　　　(单位盖章)

法定代表人
或其委托人：_____
　　　　　　　　　　　　　　(签字或盖章)

编制人：_____
　　　　　　　　　　　(造价人员签字盖专用章)

　　　　　时间：　年　月　日

表 2-17　工程计价总说明

工程名称：　　　　　　　　　　　　　　　　　　　第　页　共　页

表 2-18　建设项目招标控制价/投标报价汇总表

工程名称：　　　　　　　　　　　　　　　　　　　第　页　共　页

序号	单项工程名称	金额(元)	其中：(元)		规费
			暂估价	安全文明施工费	
	合　计				

注：本表适用于建设项目招标控制价或投标报价的汇总。

表 2-19　单程工程招标控制价/投标报价汇总表

工程名称：　　　　　　　　　　　　　　　　　　　第　页　共　页

序号	单项工程名称	金额(元)	其中：(元)		规费
			暂估价	安全文明施工费	
	合　计				

注：本表适用于单项工程招标控制价或投标报价的汇总。暂估价包括分部分项工程中的暂估价和专业工程暂估价。

表 2-20 单位工程招标控制价/投标报价汇总表

工程名称：　　　　　　　　标段：　　　　　　　第　页　共　页

序号	汇总内容	金额(元)	其中：暂估价(元)
1	分部分项工程		
1.1			
1.2			
2	措施项目		
2.1	其中：安全文明施工费		
3	其他项目		
3.1	其中：暂列金额		
3.2	其中：专业工程暂估价		
3.3	其中：计日工		
3.4	其中：总承包服务费		
4	规费		
5	税金		
招标控制价合计 = 1 + 2 + 3 + 4 + 5			

注：本表适用于单位工程招标控制价或投标报价的汇总，如无单位工程划分，单项工程也适用本表汇总。

表 2-21 分部分项工程和单价措施项目清单与计价表

工程名称：　　　　　　　　标段：　　　　　　　第　页　共　页

序号	项目编码	项目名称	项目特征描述	计量单位	工程量	金额(元)		其中 暂估价
						综合单价	合价	
本页小计								
合　计								

注：为计取规费等的使用，可在表中增设"其中：定额人工费"。

表2-22 综合单价分析表

工程名称：　　　　　　　　　标段：　　　　　　　第　页　共　页

| 项目编码 | | 项目名称 | | 计量单位 | | 工程量 | |

定额编号	定额项目名称	定额单位	数量	单价				合价			
				人工费	材料费	机械费	管理费和利润	人工费	材料费	机械费	管理费和利润

清单综合单价组成明细

人工单价		小　计					
元/工日		未计价材料费					
清单项目综合单价							

材料费明细	主要材料名称、规格、型号		单位	数量			
	其他材料费				—		—
	材料费小计				—		—

注：1. 如不使用省级或行业建设主管部门发布的计价依据，可不填定额、编号、名称等。
　　2. 招标文件提供了暂估单价的材料，按暂估的单价填入表内"暂估单价"栏及"暂估合计"栏。

表2-23 总价措施项目清单与计价表

工程名称：　　　　　　　　　标段：　　　　　　　第　页　共　页

序号	项目名称	计算基础	费率(%)	金额(元)	调整费率(%)	调整后金额(%)	备注
1	安全文明施工费						
2	夜间施工费						
3	二次搬运费						
4	冬雨季施工增加费						
5	已完工程及设备保护费						
6							
	合　　计						

编制人(造价人员)：　　　　　复核人(造价工程师)：

注：1. 计算基础中安全文明施工费可为"定额基价""定额人工费"或"定额人工费+定额机械费"，其他项目可为"定额人工费"或"定额人工费+定额机械费"。
　　2. 按施工方案计算的措施费，若无计算基础和费率的数值，也可只填金额数值，但应在备注栏说明施工方案的出处或计算方法。

表2-24 其他项目清单与计价汇总表

工程名称：　　　　　　　　　标段：　　　　　　　　第 页 共 页

序号	项目名称	计量单位	金额(元)	备注
1	暂列金额			明细详见表2-25
2	暂估价			
2.1	材料(工程设备)暂估价		—	明细详见表2-26
2.2	专业工程暂估价			明细详见表2-27
3	计日工			明细详见表2-28
4	总承包服务费			明细详见表2-29
5	索赔与现场签证			
	合　　计			

注：材料(工程设备)暂估单价计入清单项目综合单价，此处不汇总。

表2-25 暂列金额明细表

工程名称：　　　　　　　　　标段：　　　　　　　　第 页 共 页

序号	项目名称	计量单位	暂定金额(元)	备注
1				
2				
3				
4				
5				
6				
7				
8				
9				
	合　　计			

注：此表由招标人填写，如不能详列，也可只列暂定金额总额，投标人应将上述暂列金额计入投标总价中。

表 2-26　材料（工程设备）暂估单价及调整表

工程名称：　　　　　　　　　　标段：　　　　　　第　页　共　页

序号	材料(工程设备)名称、规格、型号	计量单位	数量		暂估(元)		确认(元)		差额±(元)		备注
			暂估	确认	单价	合价	单价	合价	单价	合价	
合　计											

注：此表暂估单价由招标人填写，并在备注栏说明暂估价的材料、工程设备拟用在哪些清单项目上，投标人应将上述材料、工程设备暂估单价计入工程量清单综合单价报价中。

表 2-27　专业工程暂估价及结算价表

工程名称：　　　　　　　　　　标段　　　　　　　第　页　共　页

序号	工程名称	工程内容	暂估金额(元)	结算金额(元)	差额±(元)	备注
合　计						

注：此表暂估金额由招标人填写，投标人应将暂估金额计入投标总价中。结算时按合同约定结算金额填写。

表 2-28 计日工表

工程名称：　　　　　　　　　　标段：　　　　　　　　第　页　共　页

编号	项目名称	单位	暂定数量	实际数量	综合单价（元）	合价(元)	
						暂定	实际
一	人工						
1							
2							
	人工小计						
二	材料						
1							
2							
	材料小计						
三	施工机械						
1							
2							
	施工机械小计						
四	企业管理费和利润						
	总　　计						

注：此表项目名称、暂定数量由招标人填写，编制招标控制价时，单价由招标人按有关计价规定确定；投标时，单价由投标人自主报价，按暂定数量计算合价计入投标总价中。结算时，按发、承包双方确认的实际数量计算合价。

表 2-29 总承包服务费计价表

工程名称：　　　　　　　　　　标段：　　　　　　　　第　页　共　页

序号	工程名称	项目价值(元)	服务内容	计算基础	费率(％)	金额(元)
1	发包人发包专业工程					
2	发包人供应材料					
	合　　计					

注：此表项目名称、服务内容由招标人填写，编制招标控制价时，费率及金额由招标人按有关计价规定确定；投标人投标时，费率及金额由投标人自主报价，计入投标总价中。

表 2-30 规费、税金项目计价表

工程名称：　　　　　　　　　　标段：　　　　　　　　　第　页　共　页

序号	项目名称	计算基础	计算基数	费率(%)	金额(元)
1	规费	定额人工费			
1.1	社会保险费	定额人工费			
(1)	养老保险费	定额人工费			
(2)	失业保险费	定额人工费			
(3)	医疗保险费	定额人工费			
(4)	工伤保险费	定额人工费			
(5)	生育保险费	定额人工费			
1.2	住房公积金	定额人工费			
1.3	工程排污费	按工程所在地环境保护部门收取标准，按实计入			
2	税金	分部分项工程费+措施项目费+其他项目费+规费-按规定不计税的工程设备费			
		合　计			

编制人（造价人员）：　　　　复核人（造价工程师）：

【练习题】

1. 计量规范规定的强制性条文有哪些？
2. 项目编码有多少位？10～12 位是如何确定的？
3. 在描述项目特征时应注意哪些问题？

【思考题】

怎样分解园林工程项目？

【讨论题】

分部分项工程量清单项目的设置依据是什么？与招标文件的要求有无关系？

单元 3
园林工程工程量清单编制

【知识目标】

(1) 了解园林绿化工程清单项目及项目工作内容。

(2) 了解园林绿化工程工程量计算的注意事项。

【技能目标】

(1) 能计算园林工程工程量。

(2) 能正确编制园林工程工程量清单。

3.1 绿化工程

3.1.1 绿地整理

绿地整理是指绿化前对场地的平整、耘土等工作。包括伐树、挖树根、砍挖灌木丛及根、砍挖竹及根、砍挖芦苇及根、清除草皮、清除地被植物、屋面清理、种植土回(换)填、整理绿化用地、绿地起坡造型、屋顶花园基底处理等内容。

3.1.1.1 绿地整理工程量计算规则

（1）计算规则

①伐树、挖树根、砍挖竹及根的工程量按数量计算。

②砍挖灌木丛及根，按丛高或蓬径以株计算或以平方米计量。

③砍挖芦苇及根、清除草皮、清除地被植物的工程量按面积计算。

④屋面清理、整理绿化用地、绿地起坡造型、屋顶花园基底处理的工程量按设计图示尺寸以面积计算。

⑤种植土回(换)填按设计图示回填面积乘以回填厚度以体积计算或者按设计图示数量计算。

（2）注意事项

①整理绿化用地项目包含300mm以内回填土，厚度300mm以上回填土应按房屋建筑与装饰工程计量规范相应项目编码列项。

②绿地起坡造型，适用于松(抛)填。

3.1.1.2 工程量清单项目设置（表3-1）

表3-1 绿地整理（编码：050101）

项目编码	项目名称	项目特征	计量单位	工程量计算规则	工作内容
050101001	伐树	树干胸径	株	按数量计算	1. 伐树 2. 废弃物运输 3. 场地清理
050101002	挖树根(蔸)	地径			1. 挖树根 2. 废弃物运输 3. 场地清理

(续)

项目编码	项目名称	项目特征	计量单位	工程量计算规则	工作内容
050101003	砍挖灌木丛及根	丛高或蓬径	1. 株 2. m²	1. 以株计量,按数量计算 2. 以平方米计量,按面积计算	1. 灌木及根砍挖 2. 废弃物运输 3. 场地清理
050101004	砍挖竹及根	根盘直径	1. 株 2. 丛	按数量计算	1. 竹及根砍挖 2. 废弃物运输 3. 场地清理
050101005	砍挖芦苇及根	根盘丛径	m²	按面积计算	1. 芦苇及根砍挖 2. 废弃物运输 3. 场地清理
050101006	清除草皮	草皮种类	m²	按面积计算	1. 除草 2. 废弃物运输 3. 场地清理
050101007	清除地被植物	植物种类	m²	按面积计算	1. 清除植物 2. 废弃物运输 3. 场地清理
050101008	屋面清理	1. 屋面做法 2. 屋面高度 3. 垂直运输方式	m²	按设计图示尺寸以面积计算	1. 原屋面清扫 2. 废弃物运输 3. 场地清理
050101009	种植土回(换)填	1. 回填土质要求 2. 取土运距 3. 回填厚度 4. 弃土运距	1. m³ 2. 株	1. 以立方米计量,按设计图示回填面积乘以回填厚度以体积计算 2. 以株计量,按设计图示数量计算	1. 土方挖、运 2. 回填 3. 找平、找坡 4. 废弃物运输
050101010	整理绿化用地	1. 回填土质要求 2. 取土运距 3. 回填厚度 4. 找平找坡要求 5. 弃渣运距	m²	按设计图示尺寸以面积计算	1. 排地表水 2. 土方挖、运 3. 耙细、过筛 4. 回填 5. 找平、找坡 6. 拍实 7. 废弃物运输
050101011	绿地起坡造型	1. 回填土质要求 2. 取土运距 3. 起坡平均高度	m²	按设计图示尺寸以面积计算	1. 排地表水 2. 土方挖、运 3. 耙细、过筛 4. 回填 5. 找平、找坡 6. 废弃物运输

（续）

项目编码	项目名称	项目特征	计量单位	工程量计算规则	工作内容
050101012	屋顶花园基底处理	1. 找平层厚度、砂浆种类、强度等级 2. 防水层种类、做法 3. 排水层厚度、材质 4. 过滤层厚度、材质 5. 回填轻质土厚度、种类 6. 屋面高度 7. 垂直运输方式 8. 阻根层厚度、材质、做法	m²	按设计图示尺寸以面积计算	1. 抹找平层 2. 防水层铺设 3. 排水层铺设 4. 过滤层铺设 5. 填轻质土壤 6. 阻根层铺设 7. 运输

3.1.2 栽植花木

栽植花木是指按照植物种植施工图所进行的植物栽种及养护工作。包括：栽植乔木、栽植竹类、栽植棕榈类、栽植灌木、栽植绿篱、栽植攀缘植物、栽植色带、栽植花卉、栽植水生植物、垂直墙体绿化种植、花卉立体布置、铺种草皮、喷播植草、植草砖内植、草（籽）、栽种木箱等内容。

3.1.2.1 栽植花木工程量计算规则

（1）计算规则

①栽植乔木、栽植棕榈类按设计图示数量计算。

②栽植竹类按设计图示数量计算。

③栽植灌木按设计图示数量以株计算或者按设计图示尺寸以绿化水平投影面积计算。

④栽植绿篱按设计图示长度以延长米计算或者按设计图示尺寸以绿化水平投影面积计算。

⑤栽植攀缘植物按设计图示数量计算或者按设计图示种植长度以延长米计算。

⑥栽植色带按设计图示尺寸以绿化水平投影面积计算。

⑦栽植花卉按设计图示数量以株、丛、缸计算或者按设计图示尺寸以水平投影面积计算。

⑧栽植水生植物按设计图示数量以株（丛、缸）计算或者按设计图示尺寸以水平投影面积计算。

⑨垂直墙体绿化种植按设计图示尺寸以绿化水平投影面积计算或者按设计图示种植长度以延长米计算。

⑩花卉立体布置按设计图示数量以单体(处)计算或者按设计图示尺寸以面积计算。

⑪铺种草皮、喷播植草、植草砖内植草(籽)按设计图示尺寸以绿化投影面积计算。

⑫栽种木箱按设计图示数量计算。

(2)注意事项

①挖土外运、借土回填、挖(凿)土(石)方应包含在相关项目内。

②苗木计算应符合下列规定:

- 胸径应为地表面向上1.2m高处树干的直径(或以工程所在地规定为准)。
- 冠径又称冠幅,应为苗木冠丛垂直投影面的最大直径和最小直径之间的平均值。
- 蓬径应为灌木、灌丛垂直投影面的直径。
- 地径应为地表面向上0.1m高处树干的直径。
- 干径应为地表面向上0.3m高处树干的直径。
- 株高应为地表面至树顶端的高度。
- 冠丛高应为地表面至乔(灌)木顶端的高度。
- 篱高应为地表面至绿篱顶端的高度。
- 生长期应为苗木种植至起苗的时间。
- 养护期应为招标文件中要求苗木种植结束,竣工验收通过后承包人负责养护的时间。

③苗木移(假)植应按花木栽植相关项目单独编码列项。

④土球包裹材料、打吊针及喷洒生根剂等费用应包含在相应项目内。

3.1.2.2 工程量清单项目设置(表3-2)

表3-2 栽植花木(编码:050102)

项目编码	项目名称	项目特征	计量单位	工程量计算规则	工作内容
050102001	栽植乔木	1. 乔木种类 2. 乔木胸径 3. 养护期	株	按设计图示数量计算	
050102002	栽植灌木	1. 灌木种类 2. 根盘直径 3. 冠丛高 4. 蓬径 5. 起挖方式 6. 养护期	1. 株 2. m²	1. 以株计量,按设计图示数量计算 2. 以平方米计量,按设计图示尺寸以绿化水平投影面积计算	

(续)

项目编码	项目名称	项目特征	计量单位	工程量计算规则	工作内容
050102003	栽植竹类	1. 竹种类 2. 竹胸径或根盘丛径 3. 养护期	1. 株 2. 丛	以株计量，按设计图示数量计算	1. 起挖 2. 运输 3. 栽植 4. 养护
050102004	栽植棕榈类	1. 棕榈种类 2. 株高或地径 3. 养护期	株		
050102005	栽植绿篱	1. 绿篱种类 2. 篱高 3. 行数、蓬径 4. 单位面积株数 5. 养护期	1. m 2. m²	1. 以米计量，按设计图示长度以延长米计算 2. 以平方米计量，按设计图示尺寸以绿化水平投影面积计算	
050102006	栽植攀缘植物	1. 植物种类 2. 地径 3. 单位长度株数 4. 养护期	1. 株 2. m	1. 以株计量，按设计图示数量计算 2. 以米计量，按设计图示种植长度以延长米计算	
050102007	栽植色带	1. 苗木、花卉种类 2. 株高或蓬径 3. 单位面积株数 4. 养护期	m²	按设计图示尺寸以绿化水平投影面积计算	
050102008	栽植花卉	1. 花卉种类 2. 株高或蓬径 3. 单位面积株数 4. 养护期	1. 株（丛、缸） 2. m²	1. 以株（丛、缸）计量，按设计图示数量计算 2. 以平方米计量，按设计图示尺寸以水平投影面积计算	1. 起挖 2. 运输 3. 栽植 4. 养护
050102009	栽植水生植物	1. 植物种类 2. 株高或蓬径或芽数/株 3. 单位面积株数 4. 养护期	1. 丛 2. 缸 3. m²		
050102010	垂直墙体绿化种植	1. 植物种类 2. 生长年数或地(干)径 3. 栽植容器材质、规格 4. 栽植基质种类、厚度 5. 养护期	1. m² 2. m	1. 以平方米计量，按设计图示尺寸以绿化水平投影面积计算 2. 以米计量，按设计图示种植长度以延长米计算	1. 起挖 2. 运输 3. 栽植容器安装 4. 栽植 5. 养护

(续)

项目编码	项目名称	项目特征	计量单位	工程量计算规则	工作内容
050102011	花卉立体布置	1. 草本花卉种类 2. 高度或蓬径 3. 单位面积株数 4. 种植形式 5. 养护期	1. 单体（处） 2. m²	1. 以单体（处）计量，按设计图示数量计算 2. 以平方米计量，按设计图示尺寸以面积计算	1. 起挖 2. 运输 3. 栽植 4. 养护
050102012	铺种草皮	1. 草皮种类 2. 铺种方式 3. 养护期	m²	按设计图示尺寸以绿化投影面积计算	1. 起挖 2. 运输 3. 铺底沙（土） 4. 栽植 5. 养护
050102013	喷播植草（灌木）籽	1. 基层材料种类规格 2. 草（灌木）籽种类 3. 养护期	m²	按设计图示尺寸以绿化投影面积计算	1. 基层处理 2. 坡地细整 3. 喷播 4. 覆盖 5. 养护
050102014	植草砖内植草	1. 草坪种类 2. 养护期			1. 起挖 2. 运输 3. 覆土（沙） 4. 铺设 5. 养护
050102015	挂网	1. 种类 2. 规格	m²	按设计图示尺寸以挂网投影面积计算	1. 制作 2. 运输 3. 安装
050102016	箱/钵栽植	1. 箱/钵材料品种 2. 箱/钵外形尺寸 3. 栽植植物种类、规格 4. 土质要求 5. 防护材料种类 6. 养护期	个	按设计图示数量计算	1. 制作 2. 运输 3. 安放 4. 栽植 5. 养护

【案例3-1】 绿化工程工程量清单编制

某小游园植物种植设计图如图3-1所示，计算其各分项工程量并依据《计量规范》附录A.2编制该绿化工程工程量清单。

（1）分项及列项

由图3-1，根据绿化工程的工作内容及项目特征，确定清单项目编号和项目名称。应列的项目有整理绿化用地、栽植乔木、栽植灌木、栽植竹类、栽植棕榈类、栽植绿篱、栽植色带、栽植花卉、铺种草皮。

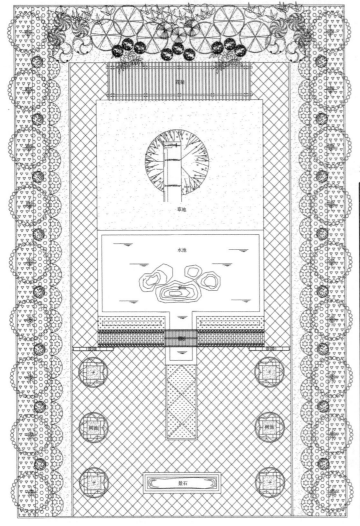

植物配置表

序号	图例	名称	数量	规格	备注
1		大香樟	1株	$D=40cm, H=6\sim7m$	
2		桂花	6株	$D=15cm, H=3\sim4m$	全冠,分枝高1.8m
3		香樟	18株	$D=10\sim12cm, H=4\sim5m$	
4		银杏	6株	$D=12\sim15cm, H=6\sim7m$	
5		日本晚樱	4株	$D_d=7\sim8cm$	
6		红枫	3株	$D=5\sim6cm$	
7		棕榈	6株	$D=8\sim10cm, H=4\sim5m$	
8		金镶玉竹	54株	$D=2\sim3cm, H=3\sim4m$	
9		红花檵木球	16株	$P=100cm$	
10		茶花球	9株	$P=100cm$	
11		紫藤	4株	$D=2cm$	
12		四季桂	133m²	$H=35cm$	49株/m²
13		春鹃	133m²	$H=30cm$	49株/m²
14		红花檵木	70m²	$H=30cm$	49株/m²
15		千日红	12m²	$H=20cm$	64株/m²
16		孔雀草	19m²	$H=20cm$	64株/m²
17		台湾青	360m²		满铺

图3-1 某小游园植物种植设计图

(2)计算工程量

①整理绿化用地工程量按设计图示尺寸以面积计算。

整理绿化用地面积 = 133+133+70+12+19+360 = 727(m²)

②栽植乔木工程量按图示数量以株计算。

大香樟——1株;桂花——6株;香樟——18株;银杏——6株。

③栽植灌木工程量按图示数量以株计算。

日本晚樱——4株；红枫——3株；红花檵木球——16株；茶花球——9株。

④栽植棕榈工程量按图示数量以株计算。

棕榈——6株。

⑤栽植竹类工程量按图示数量以株计算。

金镶玉竹——54株。

⑥栽植攀缘植物工程量按设计图示数量以株计算或者按设计图示种植长度以延长米计算。

紫藤——4株。

⑦栽植色带工程量按设计图示数量以株(丛、缸)计算或者按设计图示尺寸以水平投影面积计算。

四季桂——133m^2；春鹃——133m^2；红花檵木——133m^2。

⑧栽植花卉按设计图示尺寸以水平投影面积计算。

千日红——12m^2；孔雀草——19m^2。

⑨铺种草皮按设计图示尺寸以绿化投影面积计算。

台湾青——360m^2。

(3)编制工程量清单

查找相应编码，根据图纸及基础资料进行项目特征描述，将计算出的工程量填入表中，详见表3-3。

表3-3 绿化工程分部分项工程量清单

序号	项目编码	项目名称	项目特征描述	计量单位	工程量	综合单价	合价	金额(元) 其中		
								建安费用	销项税额	附加税费
1	050101010001	整理绿化用地		m^2	727.00					
2	050102001001	栽植乔木大香樟	1. 种类：大香樟； 2. 胸径或干径：$D=40cm$； 3. 株高、冠径：$H=6\sim7m$； 4. 养护期：1年	株	1.00					
3	050102001002	栽植乔木桂花	1. 种类：桂花； 2. 胸径或干径：$D=15cm$； 3. 株高、冠径：$H=3\sim4m$； 4. 养护期：1年	株	6.00					

(续)

序号	项目编码	项目名称	项目特征描述	计量单位	工程量	金额(元)				
						综合单价	合价	其中		
								建安费用	销项税额	附加税费
4	050102001003	栽植乔木香樟	1. 种类:香樟; 2. 胸径或干径:$D=10\sim12\text{cm}$; 3. 株高、冠径:$H=4\sim5\text{m}$; 4. 养护期:1年	株	18.00					
5	050102001004	栽植乔木银杏	1. 种类:银杏; 2. 胸径或干径:$D=12\sim15\text{cm}$; 3. 株高、冠径:$H=6\sim7\text{m}$; 4. 养护期:1年	株	6.00					
6	050102002001	栽植灌木日本晚樱	1. 种类:日本晚樱; 2. 胸径或干径:$D=7\sim8\text{cm}$; 3. 养护期:1年	株	4.00					
7	050102002002	栽植灌木红枫	1. 种类:红枫; 2. 胸径或干径:$D=5\sim6\text{cm}$; 3. 养护期:1年	株	3.00					
8	050102004001	栽植棕榈类	1. 种类:棕榈; 2. 胸径或干径:$D=8\sim10\text{cm}$; 3. 株高、冠径:$H=4\sim5\text{m}$; 4. 养护期:1年	株	6.00					
9	050102003001	栽植竹类	1. 种类:金镶玉竹; 2. 胸径或干径:$D=2\sim3\text{cm}$; 3. 株高、冠径:$H=3\sim4\text{m}$; 4. 养护期:1年	株	54.00					
10	050102002003	栽植灌木红花檵木球	1. 种类:红花檵木球; 2. 蓬径:$P=100\text{cm}$; 3. 养护期:1年	株	16.00					
11	050102002004	栽植灌木茶花球	1. 种类:茶花球; 2. 蓬径:$P=100\text{cm}$; 3. 养护期:1年	株	9.00					
12	050102006001	栽植攀缘植物	1. 种类:紫藤; 2. 根盘直径:$D=2\text{cm}$; 3. 养护期:1年	株	4.00					
13	050102007001	栽植色带四季桂	1. 苗木、花卉种类:四季桂; 2. 株高或蓬径:$H=35\text{cm}$; 3. 单位面积株数:49株; 4. 养护期:1年	m²	133.00					

(续)

序号	项目编码	项目名称	项目特征描述	计量单位	工程量	综合单价	金额(元)			
							合价	其中		
								建安费用	销项税额	附加税费
14	050102007002	栽植色带春鹃	1. 苗木、花卉种类:春鹃; 2. 株高或蓬径:$H=30cm$; 3. 单位面积株数:49株; 4. 养护期:1年	m²	133.00					
15	050102007003	栽植色带红花檵木	1. 苗木、花卉种类:红花檵木; 2. 株高或蓬径:$H=30cm$; 3. 单位面积株数:49株; 4. 养护期:1年	m²	70.00					
16	050102008001	栽植花卉	1. 苗木、花卉种类:千日红; 2. 株高或蓬径:$H=20cm$; 3. 单位面积株数:64株; 4. 养护期:1年	m²	12.00					
17	050102008002	栽植花卉	1. 苗木、花卉种类:孔雀草; 2. 株高或蓬径:$H=20cm$; 3. 单位面积株数:64株; 4. 养护期:1年	m²	19.00					
18	050102012001	铺种草皮台湾青	1. 草皮种类:台湾青; 2. 铺种方式:满铺; 3. 养护期:1年	m²	360.00					

3.1.3 绿地喷灌

绿地喷灌工程是指在绿地中布置给水管道和附属设施,以满足园林植物的养护要求。包括喷灌管线安装和喷灌配件安装两个清单。

3.1.3.1 绿地喷灌工程量计算规则

(1)工程量清单计算规则

① 喷灌管线安装按设计图示尺寸以长度计算。

② 喷灌配件安装按设计图示数量计算。

(2)工程量计算注意事项

① 挖填土石方应按《房屋建筑与装饰工程计量规范》附录A相关项目编码列项。

② 阀门井应按《市政工程计量规范》相关项目编码列项。

3.1.3.2 工程量清单项目设置(表3-4)

表3-4 绿地喷灌(编码:050103)

项目编码	项目名称	项目特征	计量单位	工程量计算规则	工作内容
050103001	喷灌管线安装	1. 管道品种、规格 2. 管件品种、规格 3. 管道固定方式 4. 防护材料种类 5. 油漆品种、刷漆遍数	m	按设计图示尺寸以长度以延长米计算,不扣除检查(阀门)井、阀门、管件及附件所占的长度	1. 管道铺设 2. 管道固筑 3. 水压试验 4. 刷防护材料、油漆
050103002	喷灌配件安装	1. 管道附件、阀门、喷头品种、规格 2. 管道附件、阀门、喷头固定方式 3. 防护材料种类 4. 油漆品种、刷漆遍数	个	按设计图示数量计算	1. 管道附件、阀门、喷头安装 2. 水压试验 3. 刷防护材料、油漆

【案例3-2】 绿地喷灌工程工程量清单编制

某小游园喷灌设计图如图3-2所示,计算其各分项工程量,并依据《计量规范》附录A.3编制该喷灌工程工程量清单。

(1)分项及列项

由图3-2可知,根据喷灌工程的工作内容及项目特征,确定清单项目编号和项目名称。应列的项目有挖沟槽土方、垫层、喷灌管线安装、喷灌配件安装、土方回填。

(2)计算工程量

①挖沟槽土方以按设计图示尺寸以基础垫层底面积乘以挖土深度计算。

挖沟槽土方工程量 = $(25.4+30+30+41)$[长]$\times 0.4$[宽]$\times 0.6$[高] = $30.24(m^3)$

②垫层工程量按设计图示尺寸以体积计算。

垫层工程量 = $(25.4+30+30+41)$[长]$\times 0.4$[宽]$\times 0.2$[高] = $10.8(m^3)$

③喷灌管线安装工程量按设计图示管道中心线长度以延长米计算,不扣除检查(阀门)井、阀门、管件及附件所占的长度。根据不同的管径,应该分别列项。

PPR管直径25mm——54m;PPR管直径32mm——30m;PPR管直径40mm——30m;PPR管直径50mm——25.4m;镀锌钢管套管40mm——21m。

④喷灌配件安装工程量按设计图示数量计算

喷头——25个;手动取水器——1个;水表——1个;止回阀——1个;截止阀——2个;自动泄水阀——2个。

单元 3 园林工程工程量清单编制

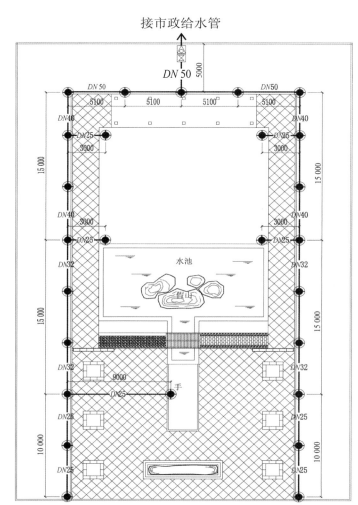

喷灌设计说明

1. 灌溉方式采用自动和人工混合浇灌方式喷灌,喷灌强度由园林工程师根据季节确定。
2. 本设计喷灌总管由市政给水管引入,设置水表及阀门井一座,做法参照 87SR416—2。
3. 给水管均采用 PPR 管,承压能力应不小于 1.0MPa。热熔连接。水管在草地埋深不小于 0.5m, 砂垫层基础,过路处加设钢制套管。管道安装完毕 1.5MPa 试压,2h 后压力降不大于 5%。
4. 喷头采用雨鸟 5004 系列地埋式可调喷头,喷洒半径 5~7m。
5. 所有管道坡度均以不小于 0.005 的坡度坡向泄水点,支管末端安装 16A—FDV 自动泄水阀。
6. 现场若遇与设计图纸不一致,请及时与设计人员联系。
7. 其他未注明之处请严格执行各有关施工及验收规范。

喷灌主材表

序号	名称	数量	规格	备注
1	喷头	25 个	雨鸟 5004	地埋
2	手动取水器	1 个	雨鸟 P-33	地埋
3	水表	1 个	旋翼式	DN50
4	止回阀	1 个	升降式 H11T-16K	DN50
5	截止阀	2 个	螺纹 J11T-16	DN50
6	自动泄水阀	2 个	雨鸟 16A-FDV	DN25
7	PPR 管	25.4m	DN50	
8	PPR 管	30m	DN40	
9	PPR 管	30m	DN32	
10	PPR 管	41m	DN25	
11	PPR 管	13m	DN25	立管
12	镀锌钢管	21m	DN40	

某游园喷灌工程平面图 1:100

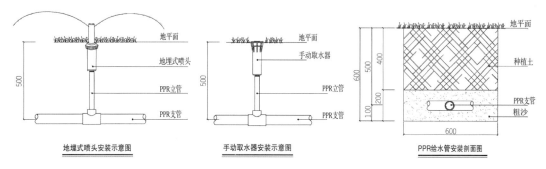

地埋式喷头安装示意图   手动取水器安装示意图   PPR给水管安装剖面图

图 3-2 某小游园喷灌设计图

⑤管道回填土工程量按设计图示尺寸以体积计算。用挖方清单项目工程量减去自然地坪以下埋设的基础体积(包括基础垫层及其他构筑物)。

管道回填土工程量 = $30.24 - 12.8 - 3.14 \times [(0.025/2)^2 \times 20 + (0.032/2)^2 \times 30 + (0.040/2)^2 \times (30 + 21) + (0.05/2)^2 \times 25.4] = 30.24 - 10.8 - 0.1479 = 19.29 (m^3)$

(3)编制工程量清单

查找相应编码,根据图纸及基础资料进行项目特征描述,将计算出的工程量填入表中,详见表3-5。

表3-5 喷灌工程分部分项工程量清单

序号	项目编码	项目名称	项目特征描述	计量单位	工程量	金额(元)				
						综合单价	合价	其中		
								建安费用	销项税额	附加税费
1	010101003001	挖沟槽土方	1. 土壤类别:普通土; 2. 挖土深度:2m 内	m³	38.50					
2	010501001001	垫层	种类:砂石垫层	m³	12.80					
3	050103001001	喷灌管线安装,直径25mm PPR	1. 材质、规格:直径25mm PPR; 2. 热熔连接; 3. 水压试验	m	54.00					
4	050103001002	喷灌管线安装,直径32mm PPR	1. 材质、规格:直径32mm PPR; 2. 热熔连接; 3. 水压试验	m	30.00					
5	050103001003	喷灌管线安装,直径40mm PPR	1. 材质、规格:直径40mm PPR; 2. 热熔连接; 3. 水压试验	m	30.00					
6	050103001004	喷灌管线安装,直径50mm PPR	1. 材质、规格:直径50mm PPR; 2. 热熔连接; 3. 水压试验	m	25.00					
7	050103001005	喷灌管线安装,镀锌钢管40mm	材质、规格:直径40mm 镀锌钢管;	m	21.00					
8	050103002002	喷头安装	材质:雨鸟5004,喷头	个	25.00					
9	050103002003	手动取水器安装	材质:雨鸟P-33,手动取水器	个	1.00					
10	050103002004	水表安装	型号、规格:旋翼式,口径DN50	个	1.00					
11	050103002005	止回阀安装	类型:升降式H11T-16K,止回阀	个	1.00					

(续)

序号	项目编码	项目名称	项目特征描述	计量单位	工程量	金额(元)				
						综合单价	合价	其中		
								建安费用	销项税额	附加税费
12	050103002006	截止阀安装	类型：螺纹 J11T-16，截止阀	个	2.00					
13	050103002007	自动泄水阀安装	类型：雨鸟 16A-FDV，自动泄水阀	个	2.00					
14	010103001001	回填方	1. 密实度要求：0.93下； 2. 填方材料品种：普通土	m³	19.29					

3.2 园路、园桥工程

3.2.1 园路、园桥工程

园路园桥工程包括园路、踏（蹬）道、路牙铺设、树池围牙、盖板（筐子）、嵌草砖、桥基础、石桥墩、石桥台、拱券石、石券脸、金刚墙、石桥面、石汀步（步石、飞石）、木制步桥、栈道等内容。

3.2.1.1 园路园桥工程工程量计算规则

(1) 计算规则

①园路、踏（蹬）道按设计图示尺寸以面积计算，不包括路牙。

②路牙铺设按设计图示尺寸以长度计算。

③树池围牙、盖板（筐子）按设计图示尺寸以长度计算或者按设计图示数量以套计算。

④嵌草砖铺装、石桥面铺筑按设计图示尺寸以面积计算。

⑤桥基础、石桥墩、石桥台、金刚墙、石汀步（步石、飞石）按设计图示尺寸以体积计算。

⑥拱石制作、安装及石脸制作、安装按设计图示尺寸以体积计算。

⑦木制步桥按设计图示尺寸以桥面板长乘桥面板宽以面积计算。

⑧栈道按设计图示尺寸以面积计算。

(2) 注意事项

①园路、园桥工程的挖土方、开凿石方、回填等应按现行国家标准《市政工程工程量计算规范》（GB 50857—2013）相关项目编码列项。

②如遇某些构配件使用钢筋混凝土或金属构件,应按现行国家标准《房屋建筑与装饰工程工程量计算规范》(GB 50854—2013)或《市政工程工程量计算规范》(GB 50857—2013)相关项目编码列项。

③地伏石、石望柱、石栏杆、石栏板、扶手、撑鼓等应按现行国家标准《仿古建筑工程工程量计算规范》(GB 50855—2013)相关项目编码列项。

④亲水(小)码头各分部分项项目按照园桥相应项目编码列项。

⑤台阶项目应按现行国家标准《房屋建筑与装饰工程工程量计算规范》(GB 50854—2013)相关项目编码列项。

⑥混合类构件园桥应按现行国家标准《房屋建筑与装饰工程工程量计算规范》(GB 50854—2013)或《通用安装工程工程量计算规范》(GB 50856—2013)相关项目编码列项。

3.2.1.2 工程量清单项目设置(表3-6)

表3-6 园路、园桥工程(编码:050201)

项目编码	项目名称	项目特征	计量单位	工程量计算规则	工作内容
050201001	园路	1. 路床土石类别 2. 垫层厚度、宽度、材料种类 3. 路面厚度、宽度、材料种类 4. 砂浆强度等级	m²	按设计图示尺寸以面积计算,不包括路牙	1. 路基、路床整理 2. 垫层铺筑 3. 路面铺筑 4. 路面养护
050201002	踏(蹬)道			按设计图示尺寸以水平投影面积计算,不包括路牙	
050201003	路牙	1. 垫层厚度、材料种类 2. 路牙材料种类、规格 3. 砂浆强度等级	m	按设计图示尺寸以长度计算	1. 基层清理 2. 垫层铺设 3. 路牙铺设
050201004	树池围牙、盖板(箅子)	1. 围牙材料种类、规格 2. 铺设方式 3. 盖板材料种类、规格	1. m 2. 套	1. 以米计量,按设计图示尺寸以长度计算 2. 以套计量,按设计图示数量计算	1. 清理基层 2. 围牙、盖板运输 3. 围牙、盖板铺设
050201005	嵌草砖(格)	1. 垫层厚度 2. 铺设方式 3. 嵌草砖品种、规格、颜色 4. 漏空部分填土要求	m²	按设计图示尺寸以面积计算	1. 原土夯实 2. 垫层铺设 3. 铺砖 4. 填土
050201006	桥基础	1. 基础类型 2. 垫层及基础材料种类、规格 3. 砂浆强度等级	m³	按设计图示尺寸以体积计算	1. 垫层铺筑 2. 起重架搭、拆 3. 基础砌筑 4. 砌石

（续）

项目编码	项目名称	项目特征	计量单位	工程量计算规则	工作内容
050201007	石桥墩、石桥台	1. 石料种类、规格 2. 勾缝要求 3. 砂浆强度等级、配合比	m^3	按设计图示尺寸以体积计算	1. 石料加工 2. 起重架搭、拆 3. 墩、台、石、脸砌筑 4. 勾缝
050201008	拱券石	1. 石料种类、规格 2. 旋脸雕刻要求 3. 勾缝要求 4. 砂浆强度等级、配合比	m^2	按设计图示尺寸以面积计算	
050201009	石券脸		m^2		
050201010	金刚墙		m^3	按设计图示尺寸以体积计算	1. 石料加工 2. 起重架搭、拆 3. 砌石 4. 填土夯实
050201011	石桥面	1. 石料种类、规格 2. 找平层厚度、材料种类 3. 勾缝要求 4. 混凝土强度等级 5. 砂浆强度等级	m^2	按设计图示尺寸以面积计算	1. 石材加工 2. 抹找平层 3. 起重架搭、拆 4. 桥面、桥面踏步铺设 5. 勾缝
050201012	石桥面檐板	1. 石料种类、规格 2. 勾缝要求 3. 砂浆强度等级、配合比			1. 石材加工 2. 檐板铺设 3. 铁鞠、银锭安装 4. 勾缝
050201013	石汀步（步石、飞石）	1. 石料种类、规格 2. 砂浆强度等级、配合比	m^3	按设计图示尺寸以体积计算	1. 基层整理 2. 石材加工 3. 砂浆调运 4. 砌石
050201014	木制步桥	1. 桥宽度 2. 桥长度 3. 木材种类 4. 各部位截面长度 5. 防护材料种类	m^2	按桥面板设计图示尺寸以面积计算	1. 木桩加工 2. 打木桩基础 3. 木梁、木桥板、木桥栏杆、木扶手制作、安装 4. 连接铁件、螺栓安装 5. 刷防护材料
050201015	栈道	1. 栈道宽度 2. 支架材料种类 3. 面层木材种类 4. 防护材料种类	m^2	按栈道面板设计图示尺寸以面积计算	1. 凿洞 2. 安装支架 3. 铺设面板 4. 刷防护材料

3.2.2 驳岸、护岸

驳岸、护坡包括石(卵石)砌驳岸、原木桩驳岸、满(散)铺砂卵石护岸(自然护岸)、点(散)布大卵石、框格花木护坡5种不同驳岸清单项目。

3.2.2.1 驳岸、护岸工程工程量计算规则

(1)计算规则

①石(卵石)砌驳岸按设计图示尺寸以体积计算或者按质量以吨计算。

②原木桩驳岸按设计图示桩长(包括桩尖)以米计算或者按设计图示数量以根计算。

③满(散)铺砂卵石护岸(自然护岸)按设计图示平均护岸宽度乘以护岸长度以面积计算或者按使用卵石的质量以吨计算。

④框格花木护坡按设计图示平均护岸宽度乘以护岸长度以面积计算。

⑤点(散)布大卵石,按设计图示数量以块(个)计量计算或者按卵石使用质量以吨计量。

(2)注意事项

①驳岸工程的挖土方、开凿石方、回填等应按《房屋建筑与装饰工程计量规范》附录A相关项目编码列项。

②木桩钎(梅花桩)按原木桩驳岸项目单独编码列项。

③钢筋混凝土仿木桩驳岸,其钢筋混凝土及表面装饰按《房屋建筑与装饰工程计量规范》相关项目编码列项,若表面"塑松皮"按附录C园林景观工程相关项目编码列项。

④框格花木护坡的铺草皮、撒草籽等应按附录A绿化工程相关项目编码列项。

3.2.2.2 工程量清单项目设置(表3-7)

表3-7 驳岸、护岸(编码:050202)

项目编码	项目名称	项目特征	计量单位	工程量计算规则	工作内容
050202001	石(卵石)砌驳岸	1. 石料种类、规格 2. 驳岸截面、长度 3. 勾缝要求 4. 砂浆强度等级、配合比	1. m³ 2. t	1. 以立方米计量,按设计图示尺寸以体积计算 2. 以吨计量,按质量计算	1. 石料加工 2. 砌石(砌石) 3. 勾缝

（续）

项目编码	项目名称	项目特征	计量单位	工程量计算规则	工作内容
050202002	原木桩驳岸	1. 木材种类 2. 桩直径 3. 桩单根长度 4. 防护材料种类	1. m 2. 根	1. 以米计量，按设计图示桩长（包括桩尖）计算 2. 以根计量，按设计图示数量计算	1. 木桩加工 2. 打木桩 3. 刷防护材料
050202003	满（散）铺砂卵石护岸（自然护岸）	1. 护岸平均宽度 2. 粗细砂比例 3. 卵石粒径	1. m² 2. t	1. 以平方米计量，按设计图示平均护岸宽度乘以护岸长度以面积计算 2. 以吨计量，按卵石使用重量计算	1. 修边坡 2. 铺卵石
050202004	点（散）布大卵石	1. 大卵石粒径 2. 数量	1. 块（个） 2. t	1. 以块（个）计量，按设计图示数量计算 2. 以吨计量，按卵石使用质量计算	1. 布石 2. 安砌 3. 成型
050202005	框格花木护坡	1. 展开宽度 2. 护坡材质 3. 框格种类与规格	m²	按设计图示平均展开宽度乘以长度以面积计算	1. 修边坡 2. 安放框格

【案例 3-3】 园路园桥工程工程量清单编制

某小游园园路园桥设计图如图 3-3 所示，计算其各分项工程量，并依据《计量规范》附录 B.1 编制该园路园桥工程工程量清单。

（1）分项及列项

由图 3-3，根据园路园桥图纸设计内容和园路园桥工程的清单项目的工作内容及项目特征，确定清单项目编号和项目名称。应列的项目有园路（此项目包含厚度在 30cm 以内挖、填土，找平、夯实、整修，弃土 2m 以外，故不需要挖基槽土方或平整场地和余方弃置）、木质步桥、挖沟槽土方、碎石垫层、混凝土垫层、钢梁。

（2）计算工程量

①园路工程量按设计图示尺寸以面积计算。

600×300×30 黄锈石火烧板园路工程量 $= 2 \times 0.9 \times 2 = 3.6 (m^2)$

黑色抛光卵石园路 $= 2 \times 0.3 \times 2 \times 2 = 2.4 (m^2)$

②木质步桥工程量按桥面板设计图示尺寸以面积计算。

木质步桥工程量 $= 1.5 \times 3 = 4.5 (m^2)$

③挖沟槽土方按设计图示尺寸以基础垫层底面积乘以挖土深度计算。

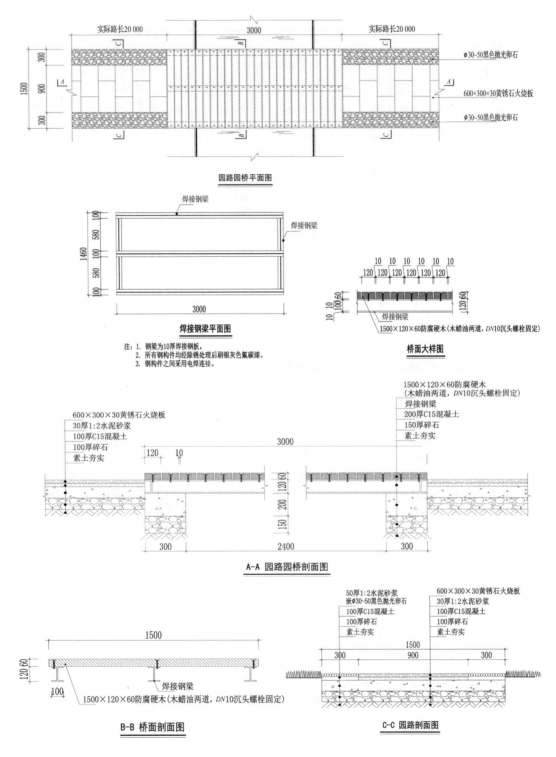

图 3-3 某小游园园路园桥设计图

挖沟槽土方工程量 = 0.3[槽宽] × 0.47[槽深] × 1.5[路宽] × 2[个] = 0.423(m³)

④钢梁工程量按设计图示尺寸以质量计算。

钢梁长度 = 3 × 3 + 0.58 × 4 = 11.32(m)

钢梁工程量 = [78.5[单位面积重量] × 0.1[宽度] × 0.01[厚度] × 2[上下两块] + 78.5[单位面积重量] × (0.12 - 0.01 × 2)[宽度] × 0.01[厚度]]/1000 = [88.862 × 2 + 88.862]/1000 = 0.267(t)

⑤碎石垫层按设计图示尺寸以体积计算。

碎石垫层工程量 = 0.15[高] × 0.3[宽] × 1.5[长] × 2[个] = 0.135(m³)

⑥混凝土垫层按设计图示尺寸以体积计算。

混凝土垫层工程量 = 0.2[高] × 0.3[宽] × 1.5[长] × 2[个] = 0.18(m³)

(3) 编制工程量清单

查找相应编码，根据图纸及基础资料进行项目特征描述，将计算出的工程量填入表中，详见表3-8。

表3-8 园路园桥工程分部分项工程量清单

序号	项目编码	项目名称	项目特征描述	计量单位	工程量	金额(元)				
						综合单价	合价	其中		
								建安费用	销项税额	附加税费
1	050201001001	园路:600×300×30黄锈石火烧板	1. 材质规格:铺贴石材600×300×30黄锈石火烧板; 2. 砂浆配合比厚度:30厚1:2水泥砂浆	m²	3.60					
2	050201001002	园路:黑色抛光卵石	1. 材质规格:镶嵌直径30~50mm黑色抛光卵石; 2. 砂浆配合比厚度:30厚1:2水泥砂浆	m²	2.40					
3	010101003001	挖沟槽土方	1. 土壤类别:普通土; 2. 挖土深度:2m内	m³	0.423					
4	050201014001	木制步桥	1500×120×60 防腐硬木(木蜡油两道,DN10沉头螺栓固定)	m²	4.50					
5	010604001001	钢梁	1. 钢材类型:工字钢; 2. 规格:120×100×10; 3. 防锈处理:刷银白色氟碳漆2遍	t	0.267					
6	010404001001	垫层	垫层材料种类、配合比、厚度:150厚碎石	m³	0.135					
7	010501001001	垫层	混凝土强度等级:C15	m³	0.18					

3.3 景观设施工程

3.3.1 堆塑假山

堆塑假山包括堆筑土山丘、堆砌石假山、塑假山、石笋、点风景石、池、盆景置石、山(卵)石、护角、山坡、(卵)石台阶等清单项目。

3.3.1.1 堆塑假山工程工程量计算规则

(1)计算规则

①堆筑土山丘按设计图示山丘水平投影外接矩形面积乘以高度的1/3以体积计算。

②堆砌石假山按设计图示尺寸以质量计算。

③塑假山按设计图示尺寸以展开面积计算。

④石笋、点风景石、池、盆景置石按设计图示数量以块(支、个)计算或者按设计图示石料质量以吨计算。

⑤山(卵)石护角按设计图示尺寸以体积计算。

⑥山坡(卵)石、台阶按设计图示尺寸以水平投影面积计算。

(2)注意事项

①假山(堆筑土山丘除外)工程的挖土方、开凿石方、回填等应按《房屋建筑与装饰工程工程量计算规范》(GB 50854—2013)相关项目编码列项。

②如遇某些构配件使用钢筋混凝土或金属构件,应按《房屋建筑与装饰工程计量规范》或《市政工程计量规范》相关项目编码列项。

③散铺河滩石按点风景石项目单独编码列项。

④堆筑土山丘项目清单,适用于用夯填方式堆筑而成的土山丘。

3.3.1.2 工程量清单项目设置(表3-9)

表3-9 堆塑假山(编码：050301)

项目编码	项目名称	项目特征	计量单位	工程量计算规则	工作内容
050301001	堆筑土山丘	1. 土丘高度 2. 土丘坡度要求 3. 土丘底外接矩形面积	m³	按设计图示山丘水平投影外接矩形面积乘以高度的1/3以体积计算	1. 取土 2. 运土 3. 堆砌、夯实 4. 修整

(续)

项目编码	项目名称	项目特征	计量单位	工程量计算规则	工作内容
050301002	堆砌石假山	1. 堆砌高度 2. 石料种类、单块重量 3. 混凝土强度等级 4. 砂浆强度等级、配合比	t	按设计图示尺寸以质量计算	1. 选料 2. 起重机搭、拆 3. 堆砌、修整
050301003	塑假山	1. 假山高度 2. 骨架材料种类、规格 3. 山皮料种类 4. 混凝土强度等级 5. 砂浆强度等级、配合比 6. 防护材料种类	m²	按设计图示尺寸以展开面积计算	1. 骨架制作 2. 假山胎模制作 3. 塑假山 4. 山皮料安装 5. 刷防护材料
050301004	石笋	1. 石笋高度 2. 石笋材料种类 3. 砂浆强度等级	支		1. 选石料 2. 石笋安装
050301005	点风景石	1. 石料种类 2. 石料规格、重量 3. 砂浆配合比	1. 块 2. t	1. 以块（支、个）计量，按设计图示数量计算 2. 以吨计量，按设计图示石料质量计算	1. 选石料 2. 起重架搭、拆 3. 点石
050301006	池、盆景置石	1. 底盘种类 2. 山石高度 3. 山石种类 4. 混凝土砂浆强度等级 5. 砂浆强度等级、配合比	1. 座 2. 个		1. 底盘制作、安装 2. 池、盆景山石安装、砌筑
050301007	山（卵）石护角	1. 石料种类、规格 2. 砂浆配合比	m³	按设计图示尺寸以体积计算	1. 石料加工 2. 砌石
050301008	山坡（卵）石台阶	1. 石料种类、规格 2. 台阶坡度 3. 砂浆强度等级	m²	按设计图示尺寸以水平投影面积计算	1. 选石料 2. 台阶砌筑

3.3.2 原木、竹构件

原木、竹构件包括原木（带树皮）、柱、梁、檩、椽、原木（带树皮）墙、树枝吊挂楣子、竹柱、梁、檩、椽、竹编墙、竹吊挂楣子等清单项目。

3.3.2.1 原木、竹构件工程工程量计算规则

(1) 计算规则

①原木（带树皮）柱、梁、檩、椽按设计图示尺寸以长度计算（包括榫长）。

②原木（带树皮）墙按设计图示尺寸以面积计算（不包括柱、梁）。

③树枝吊挂楣子按设计图示尺寸以框外围面积计算。

④竹柱、梁、檩、椽按设计图示尺寸以长度计算。
⑤竹编墙按设计图示尺寸以面积计算(不包括柱、梁)。
⑥竹吊挂楣子按设计图示尺寸以框外围面积计算。

(2)注意事项

①木构件连接方式应包括:开榫连接、铁件连接、扒钉连接、铁钉连接。
②竹构件连接方式应包括:竹钉固定、竹篾绑扎、铁丝连接。

3.3.2.2 工程量清单项目设置(表3-10)

表3-10 原木、竹构件(编码:050302)

项目编码	项目名称	项目特征	计量单位	工程量计算规则	工作内容
050302001	原木(带树皮)柱、梁、檩、椽	1. 原木种类 2. 原木梢径(不含树皮厚度) 3. 墙龙骨材料种类、规格 4. 墙底层材料种类、规格 5. 构件联结方式 6. 防护材料种类	m	按设计图示尺寸以长度计算(包括榫长)	1. 构件制作 2. 构件安装 3. 刷防护材料
050302002	原木(带树皮)墙		m²	按设计图示尺寸以面积计算(不包括柱、梁)	
050302003	树枝吊挂楣子			按设计图示尺寸以框外围面积计算	
050302004	竹柱、梁、檩、椽	1. 竹种类 2. 竹直(梢)径 3. 连接方式 4. 防护材料种类	m	按设计图示尺寸以长度计算	
050302005	竹编墙	1. 竹种类 2. 墙龙骨材料种类、规格 3. 墙底层材料种类、规格 4. 防护材料种类	m²	按设计图示尺寸以面积计算(不包括柱、梁)	
050302006	竹吊挂楣子	1. 竹种类 2. 竹梢径 3. 防护材料种类		按设计图示尺寸以框外围面积计算	

3.3.3 亭廊屋面

亭廊屋面包括草屋面、竹屋面、树皮屋面、油毡瓦屋面、预制混凝土穹顶、彩色压型钢板(夹芯板)、攒尖亭屋面板、彩色压型钢板(夹芯板)穹顶、玻璃屋面等清单项目。

3.3.3.1 亭廊屋面工程量计算规则

(1)计算规则

①草屋面、油毡瓦屋面按设计图示尺寸以斜面计算。

②竹屋面按设计图示尺寸以实铺面积计算(不包括柱、梁)。

③树皮屋面按设计图示尺寸以屋面结构外围面积计算。

④预制混凝土穹顶按设计图示尺寸以体积计算,混凝土脊和穹顶的肋、基梁并入屋面体积。

⑤彩色压型钢板(夹芯板)攒尖亭屋面、彩色压型钢板(夹芯板)穹顶板按设计图示尺寸以实铺面积计算。

⑥玻璃屋面、木(防腐木)屋面按设计图示尺寸以实铺面积计算。

(2)注意事项

①柱顶石(磉蹬石)、钢筋混凝土屋面板、钢筋混凝土亭屋面板、木柱、木屋架、钢柱、钢屋架、屋面木基层和防水层等,应按《房屋建筑与装饰工程计量规范》中相关项目编码列项。

②膜结构的亭、廊,应按《房屋建筑与装饰工程计量规范》中相关项目编码列项。

③竹构件连接方式应包括:竹钉固定、竹篾绑扎、铁丝连接。

3.3.3.2 工程量清单项目设置(表3-11)

表3-11 亭廊屋面(编码:050303)

项目编码	项目名称	项目特征	计量单位	工程量计算规则	工作内容
050303001	草屋面	1. 屋面坡度 2. 铺草种类 3. 竹材种类 4. 防护材料种类	m²	按设计图示尺寸以斜面计算	1. 整理、选料 2. 屋面铺设 3. 刷防护材料
050303002	竹屋面			按设计图示尺寸以实铺面积计算(不包括柱、梁)	
050303003	树皮屋面			按设计图示尺寸以屋面结构外围面积计算	
050303004	油毡瓦屋面	1. 冷底子油品种 2. 冷底子油涂刷遍数 3. 油毡瓦颜色规格		按设计图示尺寸以斜面计量	1. 清理基层 2. 材料裁接 3. 刷油 4. 铺设
050303005	预制混凝土穹顶	1. 穹顶弧长、直径 2. 肋截面尺寸 3. 板厚 4. 混凝土强度等级 5. 拉杆材质、规格	m³	按设计图示尺寸以体积计算。混凝土脊和穹顶的肋、基梁并入屋面体积	1. 模板制作、运输、安装、拆除、保养 2. 混凝土制作、运输、浇筑、振捣、养护 3. 构件运输、安装 4. 砂浆制作、运输 5. 接头灌缝、养护

（续）

项目编码	项目名称	项目特征	计量单位	工程量计算规则	工作内容
050303006	彩色压型钢板（夹芯板）、攒尖亭屋面板	1. 屋面坡度 2. 穹顶弧长、直径 3. 彩色压型钢板（夹芯板）品种、规格、品牌、颜色 4. 拉杆材质、规格 5. 嵌缝材料种类 6. 防护材料种类	m²	按设计图示尺寸以实铺面积计算	1. 压型板安装 2. 护角、包角、泛水安装 3. 嵌缝 4. 刷防护材料
050303007	彩色压型钢板（夹芯板）穹顶				
050303008	玻璃屋面	1. 屋面坡度 2. 龙骨材质、规格 3. 玻璃材质、规格 4. 防护材料种类			1. 制作 2. 运输 3. 安装
050303009	木（防腐木）屋面	1. 木（防腐木）种类 2. 防护层处理			1. 制作 2. 运输 3. 安装

3.3.4 花架

花架包括现浇和预制混凝土花架柱、梁，预制混凝土花架柱、梁，木花架柱、梁，金属花架柱、梁，竹花架柱、梁等清单项目。

3.3.4.1 花架工程量计算规则

（1）计算规则

①现浇和预制混凝土花架柱、梁按设计图示尺寸以体积计算。

②木花架柱、梁按设计图示尺寸以体积计算。

③金属花架柱、梁按设计图示截面乘以长度（包括榫长）以体积计算。

④竹花架柱、梁按设计图示花架构件尺寸及延长米计算或者按设计图示花架柱、梁数量以根计算。

（2）注意事项

花架基础、玻璃天棚、表面装饰及涂料项目应按现行国家标准《房屋建筑与装饰工程工程量计算规范》（GB 50854—2013）中相关项目编码列项。

3.3.4.2 工程量清单项目设置(表3-12)

表3-12 花架(编码:050304)

项目编码	项目名称	项目特征	计量单位	工程量计算规则	工作内容
050304001	现浇混凝土花架柱、梁	1. 柱截面、高度、根数 2. 盖梁截面、高度、根数 3. 连系梁截面、高度、根数 4. 混凝土强度等级	m	按设计图示尺寸以体积计算	1. 模板制作、运输、安装、拆除、保养 2. 混凝土制作、运输、浇筑、振捣、养护
050304002	预制混凝土花架柱、梁	1. 柱截面、高度、根数 2. 盖梁截面、高度、根数 3. 连系梁截面、高度、根数 4. 混凝土强度等级 5. 砂浆配合比	m	按设计图示尺寸以体积计算	1. 构件安装 2. 砂浆制作、运输 3. 接头灌缝、养护 4. 模板制作、运输、安装、拆除、保养 5. 混凝土制作、运输、浇筑、振捣、养护
050304003	金属花架柱、梁	1. 钢材品种、规格 2. 柱、梁截面 3. 油漆品种、刷漆遍数	t	按设计图示尺寸以质量计算	1. 制作、运输 2. 安装 3. 油漆
050304004	木花架柱、梁	1. 木材种类 2. 柱、梁截面 3. 连接方式 4. 防护材料种类	m³	按设计图示截面乘长度(包括榫长)以体积计算	1. 构件制作、运输、安装 2. 刷防护材料、油漆
050304005	竹花架柱、梁	1. 竹种类 2. 竹胸径 3. 油漆品种、刷漆遍数	1. m 2. 根	1. 以长度计量,按设计图示花架构件尺寸以延长米计算 2. 以根计量,按设计图示花架柱、梁数量计算	1. 制作 2. 运输 3. 安装 4. 油漆

3.3.5 园林桌椅

园林桌椅包括木制飞来椅、预制钢筋混凝土飞来椅,竹制飞来椅,水磨石飞来椅,现浇混凝土桌凳,预制混凝土桌凳,石桌石凳,水磨石桌凳,塑树根桌凳,塑树节椅,塑料、铁艺、金属椅等清单项目。

3.3.5.1 园林桌椅工程量计算规则

(1)计算规则

①木制飞来椅、预制钢筋混凝土飞来椅、竹制飞来椅、水磨石飞来椅按设计图示尺寸以座凳面中心线长度计算。

②现浇混凝土桌凳,预制混凝土桌凳,石桌石凳,水磨石桌凳,塑树根

桌凳，塑树节椅，塑料、铁艺、金属椅按设计图示数量计算。

(2)注意事项

木制飞来椅按现行国家标准《仿古建筑工程工程量计算规范》(GB 50855—2013)相关项目编码列项。

3.3.5.2 工程量清单项目设置(表3-13)

表3-13 园林桌椅(编码：050305)

项目编码	项目名称	项目特征	计量单位	工程量计算规则	工作内容
050305001	预制钢筋混凝土飞来椅	1. 座凳面厚度、宽度 2. 靠背扶手截面 3. 靠背截面 4. 座凳楣子形状、尺寸 5. 混凝土强度等级 6. 砂浆配合比	m	按设计图示尺寸座凳面中心线长度计算	1. 模板制作、运输、安装、拆除、保养 2. 混凝土制作、运输、浇筑、振捣、养护 3. 构件运输、安装 4. 砂浆制作、运输、抹面、养护 5. 接头灌缝、养护
050305002	水磨石飞来椅	1. 座凳面厚度、宽度 2. 靠背扶手截面 3. 靠背截面 4. 座凳楣子形状、尺寸 5. 砂浆配合比			1. 砂浆制作、运输 2. 制作 3. 运输 4. 安装
050305003	竹制飞来椅	1. 竹材种类 2. 座凳面厚度、宽度 3. 靠背扶手截面 4. 靠背截面 5. 座凳楣子形状 6. 铁件尺寸、厚度 7. 防护材料种类			1. 座凳面、靠背扶手、靠背、楣子制作、安装 2. 铁件安装 3. 刷防护材料
050305004	现浇混凝土桌凳	1. 桌凳形状 2. 基础尺寸、埋设深度 3. 桌面尺寸、支墩高度 4. 凳面尺寸、支墩高度 5. 混凝土强度等级、砂浆配合比	个	按设计图示数量计算	1. 模板制作、运输、安装、拆除、保养 2. 混凝土制作、运输、浇筑、振捣、养护 3. 砂浆制作、运输
050305005	预制混凝土桌凳	1. 桌凳形状 2. 基础形状、尺寸、埋设深度 3. 桌面形状、尺寸、支墩高度 4. 凳面尺寸、支墩高度 5. 混凝土强度等级 6. 砂浆配合比			1. 模板制作、安装、运输、拆除、保养 2. 砂浆制作、运输 3. 接头灌缝、养护 4. 混凝土制作、运输、浇筑、振捣、养护 5. 构件运输、安装

(续)

项目编码	项目名称	项目特征	计量单位	工程量计算规则	工作内容
050305006	石桌石凳	1. 石材种类 2. 基础形状、尺寸、埋设深度 3. 桌面形状、尺寸、支墩高度 4. 凳面尺寸、支墩高度 5. 混凝土强度等级 6. 砂浆配合比	个	按设计图示数量计算	1. 土方挖运 2. 桌凳制作 3. 桌椅运输 4. 桌凳安装 5. 砂浆制作、运输
050305007	水磨石桌凳	1. 基础形状、尺寸、埋设深度 2. 桌面形状、尺寸、支墩高度 3. 凳面尺寸、支墩高度 4. 混凝土强度等级 5. 砂浆配合比	个	按设计图示数量计算	1. 桌凳制作 2. 桌凳运输 3. 桌凳安装 4. 砂浆制作、运输
050305009	塑树根桌凳	1. 桌凳直径 2. 桌凳高度 3. 砖石种类 4. 砂浆强度等级、配合比 5. 颜料品种、颜色	个	按设计图示数量计算	1. 砂浆制作、运输 2. 砖石砌筑 3. 塑树皮 4. 绘制木纹
050305010	塑树节椅				
050305011	塑料、铁艺、金属椅	1. 木座板面截面 2. 座椅规格、颜色 3. 混凝土强度等级 4. 防护材料种类	个	按设计图示数量计算	1. 制作 2. 安装 3. 刷防护材料

3.3.6 喷泉安装

喷泉安装包括喷泉管道、喷泉电缆、水下艺术装饰灯具、电气控制柜、喷泉设备等清单项目。

3.3.6.1 喷泉安装工程量计算规则

（1）计算规则

①喷泉管道按设计图示管道中心线长度以延长米计算，不扣除检查（阀门）井、阀门、管件及附件所占的长度。

②喷泉电缆按设计图示单根电缆长度以延长米计算。

③水下艺术装饰灯具、电气控制柜、喷泉设备按设计图示数量计算。

（2）注意事项

① 喷泉水池应按现行国家标准《房屋建筑与装饰工程工程量计算规范》（GB 50854—2013）中相关项目编码列项。

② 管架项目应按现行国家标准《房屋建筑与装饰工程工程量计算规范》

表 3-14 喷泉安装(编码：050306)

项目编码	项目名称	项目特征	计量单位	工程计算规则	工作内容
050306001	喷泉管道	1. 管材、管件、阀门、喷头品种 2. 管道固定方式 3. 防护材料种类	m	按设计图示管道中心线长度以延长米计算，不扣除检查(阀门)井、阀门、管件及附件所占的长度	1. 土(石)方挖运 2. 管材、管件、阀门、喷头安装 3. 刷防护材料 4. 回填
050306002	喷泉电缆	1. 保护管品种、规格 2. 电缆品种、规格	m	按设计图示单根电缆线长度以延长米计算	1. 土(石)方挖运 2. 电缆保护管安装 3. 电缆敷设 4. 回填
050306003	水下艺术装饰灯具	1. 灯具品种、规格 2. 灯光颜色	套	按设计图示数量计算	1. 灯具安装 2. 支架制作、运输、安装
050306004	电气控制柜	1. 规格、型号 2. 安装方式	台		1. 电气控制柜(箱)安装 2. 系统调试
050306005	喷泉设备	1. 设备品种 2. 设备规格、型号 3. 防护网品种、规格			1. 设备安装 2. 系统调试 3. 防护网安装

(GB 50854—2013)中钢支架项目单独编码列项。

3.3.6.2 工程量清单项目设置(表 3-14)

3.3.7 杂项

杂项包括石灯、石球、塑仿石音箱、塑树皮梁、柱、塑竹梁、柱、铁艺栏杆，塑料栏杆，钢筋混凝土艺术围栏，标志牌，景墙，景窗，花饰，博古架，花盆(坛、箱)，花池，垃圾箱，砖石砌小摆设，其他景观小摆设，柔性水池等清单项目。

3.3.7.1 杂项工程量计算规则

(1)计算规则

①石灯、石球、塑仿石音箱、标志牌、花盆(坛、箱)、垃圾箱、其他景

观小摆设按设计图示数量计算。

②塑树皮梁、柱和塑竹梁、柱按设计图示尺寸以梁柱外表面积计算或者按设计图示尺寸以构件长度计算。

③铁艺栏杆、塑料栏杆按设计图示尺寸以长度计算。

④钢筋混凝土艺术围栏按设计图示尺寸以面积计算或者按设计图示尺寸以延长米计算。

⑤景墙按设计图示尺寸以体积计算或者按设计图示尺寸数量以段计算。

⑥景窗、花饰按设计图示尺寸以面积计算。

⑦博古架按设计图示尺寸以面积计算或者按设计图示尺寸以延长米计算或者按设计图示数量以个计算。

⑧摆花按设计图示尺寸以水平投影面积计算或者按设计图示数量以个计算。

⑨花池按设计图示尺寸以体积计算或者按设计图示尺寸以池壁中心线处延长米计算或者按设计图示数量以个计算。

⑩砖石砌小摆设按设计图示尺寸以体积计算或者按设计图示尺寸以数量计算。

⑪柔性水池按设计图示尺寸以水平投影面积计算。

(2)注意事项

①砌筑果皮箱、放置盆景的须弥座等，应按砖石砌小摆设项目编码列项。

②现浇混凝土构件模板以平方米计量，模板及支架工程不再单列，按混凝土及钢筋混凝土实体项目执行，综合单价中应包含模板及支架。

③现浇混凝土构件模板以立方米计量，按模板与现浇混凝土构件的接触面积计算，按措施项目单列清单项目。

④编制现浇混凝土构件工程量清单时，应注明模板的计量方式，不得在同一个混凝土工程中的模板项目同时使用两种计量方式。

⑤现浇混凝土构件中的钢筋项目应按房屋建筑与装饰工程计量规范中相应项目编码列项。预制混凝土构件按成品编制项目。

⑥石浮雕、石镌字应按《仿古建筑工程计量规范》附录 B 中相应项目编码列项。

3.3.7.2 工程量清单项目设置（表 3-15）

表 3-15 杂项（编码：050307）

项目编码	项目名称	项目特征	计量单位	工程计算规则	工作内容
050307001	石灯	1. 石料种类 2. 石灯最大截面 3. 石灯高度 4. 砂浆配合比	个	按设计图示数量计算	1. 制作 2. 安装
050307002	石球	1. 石料种类 2. 球体直径 3. 砂浆配合比	个	按设计图示数量计算	1. 制作 2. 安装
050307003	塑仿石音箱	1. 音箱石内空尺寸 2. 铁丝型号 3. 砂浆配合比 4. 水泥漆颜色	个	按设计图示数量计算	1. 胎模制作、安装 2. 铁丝网制作、安装 3. 砂浆制作、安装 4. 喷水泥漆 5. 埋置仿石音箱
050307004	塑树皮梁、柱	1. 塑树种类 2. 塑竹种类 3. 砂浆配合比 4. 喷字规格、颜色 5. 油漆品种、颜色	1. m² 2. m	1. 以平方米计量，按设计图示尺寸以梁柱外表面积计算 2. 以米计量，按设计图示尺寸以构件长度计算	1. 灰塑 2. 刷涂颜料
050307005	塑竹梁、柱				
050307006	铁艺栏杆	1. 铁艺栏杆高度 2. 铁艺栏杆单位长度重量 3. 防护材料种类	m	按设计图示尺寸以长度计算	1. 铁艺栏杆安装 2. 刷防护材料
050307007	塑料栏杆	1. 栏杆高度 2. 塑料种类			1. 下料 2. 安装 3. 校正
050307008	钢筋混凝土艺术围栏	1. 围栏高度 2. 混凝土强度等级 3. 表面涂敷材料种类	m² m	1. 以平方米计量，按设计图示尺寸以面积计算 2. 以米计量，按设计图示尺寸以延长米计算	1. 制作 2. 运输 3. 安装 4. 砂浆制作、运输 5. 接头灌缝、养护
050307009	标志牌	1. 材料种类、规格 2. 镌字规格、种类 3. 喷字规格、颜色 4. 油漆品种、颜色	个	按设计图示数量计算	1. 选料 2. 标志牌制作 雕凿 4. 镌字、喷字 5. 运输、安装 6. 刷油漆

（续）

项目编码	项目名称	项目特征	计量单位	工程计算规则	工作内容
050307010	景墙	1. 土质类别 2. 垫层材料种类 3. 基础材料种类、规格 4. 墙体材料种类、规格 5. 墙体厚度 6. 混凝土、砂浆强度等级、配合比 7. 饰面材料种类	1. m³ 2. 段	1. 以立方米计量，按设计图示尺寸以体积计算 2. 以段计量，按设计图示尺寸以数量计算	1. 土（石）方挖运 2. 垫层、基础铺设 3. 墙体砌筑 4. 面层铺贴
050307011	景窗	1. 景窗材料品种、规格 2. 混凝土强度等级 3. 砂浆强度等级、配合比 4. 涂刷材料品种	m²	按设计图示尺寸以面积计算	1. 制作 2. 运输 3. 砌筑安放 4. 勾缝 5. 表面涂刷
050307012	花饰	1. 花饰材料品种、规格 2. 砂浆配合比 3. 涂刷材料品种			
050307013	博古架	1. 博古架材料品种、规格 2. 混凝土强度等级 3. 砂浆配合比 4. 涂刷材料品种	1. m² 2. m 3. 个	1. 以平方米计量，按设计图示尺寸以面积计算 2. 以米计量，按设计图示尺寸以延长米计算 3. 以个计量，按设计图示尺寸以数量计算	1. 制作 2. 运输 3. 砌筑安放 4. 勾缝 5. 表面涂刷
050307014	花盆（坛、箱）	1. 花盆（坛）的材质及类型 2. 规格尺寸 3. 混凝土强度等级 4. 砂浆配合比	个	按设计图示尺寸以数量计算	1. 制作 2. 运输 3. 安放
050307015	摆花	1. 花盆（坛）的材质及类型 2. 花卉品种及规格	1. m² 2. 个	1. 以平方米计量，按设计图示尺寸以水平投影面积计算 2. 以个计量，按设计图示尺寸以数量计算	1. 搬运 2. 安放 3. 养护 4. 撤收

（续）

项目编码	项目名称	项目特征	计量单位	工程计算规则	工作内容
050307016	花池	1. 土质类别 2. 池壁材料种类、规格 3. 混凝土、砂浆强度等级、配合比 4. 饰面材料种类	1. m^3 2. m 3. 个	1. 以立方米计量，按设计图示尺寸以体积计算 2. 以米计量，按设计图示尺寸以池壁中心线处延长米计算 3. 以个计量，按设计图示数量计算	1. 垫层铺设 2. 基础砌(浇)筑 3. 墙体砌(浇)筑 4. 面层铺贴
050307017	垃圾箱	1. 垃圾箱材质 2. 规格尺寸 3. 混凝土强度等级 4. 砂浆配合比	个	按设计图示尺寸以数量计算	1. 制作 2. 运输 3. 安放
050307018	砖石砌小摆设	1. 砖种类、规格 2. 石种类、规格 3. 砂浆强度等级、配合比 4. 石表面加工要求 5. 勾缝要求	1. m^3 2. 个	1. 以立方米计量，按设计图示尺寸以体积计算 2. 以个计量，按设计图示尺寸以数量计算	1. 砂浆制作、运输 2. 砌砖、石 3. 抹面、养护 4. 勾缝 5. 石表面加工
050307019	其他景观小摆设	1. 名称及材质 2. 规格尺寸	个	按设计图示尺寸以数量计算	1. 制作 2. 运输 3. 安装
050307020	柔性水池	1. 水池深度 2. 防水(漏)材料品种	m^2	按设计图示尺寸以水平投影面积计算	1. 清理基层 2. 材料裁接 3. 铺设

【案例3-4】 景墙、花池工程工程量清单编制

某小游园景墙花池设计图如图3-4所示，计算其各分项工程量，并依据《计量规范》附录 B.1 编制该喷灌工程工程量清单。

(1) 分项及列项

由图3-4可知，根据景墙花池图纸设计内容和景墙花池工程的清单项目的工作内容及项目特征，确定清单项目编号和项目名称。应列的项目有景墙、挖沟槽土方、花池、回填方和余土弃置5个分部分项工程清单项目和1个脚手架可计量的措施项目。

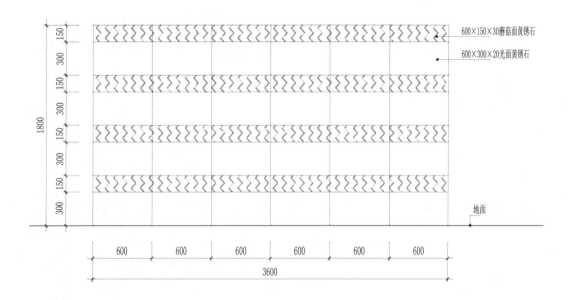

花池景墙背立面图

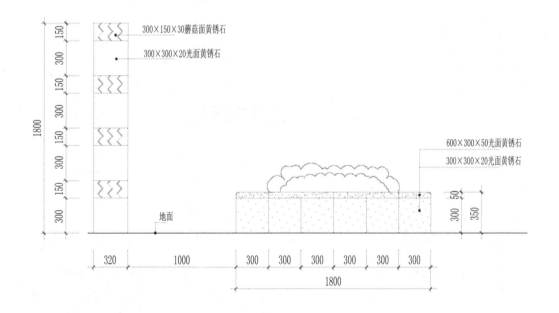

花池景墙侧立面图

图 3-4 某小游园景墙花池设计图

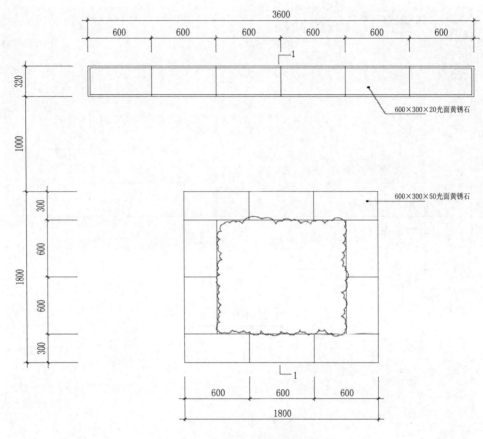

花池景墙平面图

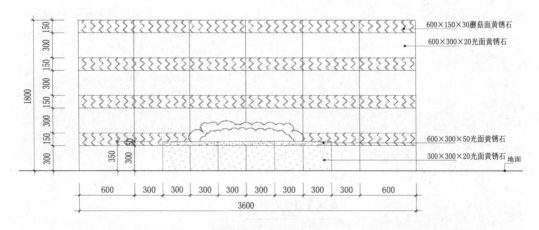

花池景墙正立面图

图3-4 某小游园景墙花池设计图(续)

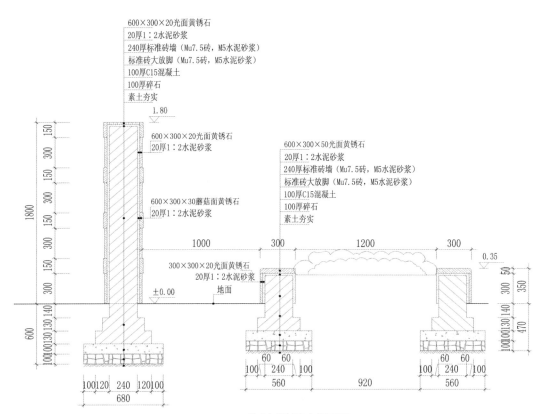

1-1 花池景墙剖面图

图3-4　某小游园景墙花池设计图(续)

(2)计算工程量

①分部分项工程清单

a. 景墙工程量按设计图示尺寸以体积或数量计算。

景墙工程量 = 1.8[高] × 0.32[宽] × 3.6[长] = 2.0736(m^3)

b. 挖沟槽土方按实际施工工程量以体积计算。

挖沟槽土方工程量 = 0.56[垫层宽] × 0.47[高] × [(1.8 − 0.16 × 2) × 4][沟槽中心线周长] = 1.558(m^3)

c. 花池工程量按设计图示尺寸以体积计算或者按设计图示尺寸以池壁中心线处延长米计算或者以个计量,按设计图示数量计算。

花池工程量 = (1.8 − 0.15 × 2) × 4[花池中心线周长] × 0.3[宽] × 0.35[高] = 0.63(m^3)

d. 回填方按挖方清单项目工程量减去自然地坪以下埋设的基础体积(包括基础垫层及其他构筑物)。

碎石垫层工程量 $= 0.56 \times 0.1 \times (1.8 - 0.16 \times 2) \times 4 = 0.332 (m^3)$

混凝土垫层工程量 $= 0.56 \times 0.1 \times (1.8 - 0.16 \times 2) \times 4 = 0.332 (m^3)$

回填工程量 $= 1.56 [挖方] - 0.332 \times 2 [碎石、混凝土垫层] - 0.476 [砖基础] = 0.42 (m^3)$

e. 余土弃置按挖方清单项目工程量减利用回填方体积(正数)计算。

余土弃置工程量 $= 1.558 - 0.42 = 1.338 (m^3)$

② 措施项目清单　脚手架工程量按照按所服务对象的垂直投影面积计算。

脚手架工程量 $= 3.6 \times 1.8 = 6.48 (m^2)$

(3) 编制工程量清单

查找相应编码,根据图纸及基础资料进行项目特征描述,将计算出的工程量填入表中。具体见表3-16。

表3-16　景墙花池工程分部分项工程量清单

序号	项目编码	项目名称	项目特征描述	计量单位	工程量	综合单价	合价	金额(元) 其中 建安费用	销项税额	附加税费
1	050307010001	景墙	1. 土质类别:一类土; 2. 垫层材料种类:100厚碎石、100厚C15混凝土; 3. 基础材料种类:Mu7.5标准砖,M5水泥砂浆; 4. 墙体材料种类、规格:Mu7.5标准砖,M5水泥砂浆; 5. 墙体厚度:240mm; 6. 混凝土、砂浆强度等级、配合比:1:2水泥砂浆; 7. 饰面材料种类:600×300×20光面黄锈石、600×300×30蘑菇面黄锈石	m^3	2.074					
2	010101003001	挖沟槽土方	1. 土壤类别:普通土; 2. 挖土深度:2m内; 3. 弃土运距:50m	m^3	1.558					

（续）

序号	项目编码	项目名称	项目特征描述	计量单位	工程量	综合单价	合价	建安费用	销项税额	附加税费
								其中		
3	050307016001	花池	1. 土质类别：普通土； 2. 池壁材料种类、规格：Mu7.5标准砖，M5水泥砂浆； 3. 混凝土、砂浆强度等级、配合比：1:2水泥砂浆； 4. 饰面材料种类：300×300×20光面黄锈石，600×300×50光面黄锈石	m³	0.63					
4	010103001001	回填方	填方材料品种：普通土	m³	0.42					
5	010103002001	余方弃置	运距：50m	m³	1.338					
6	011701002001	外脚手架	1. 搭设方式：单排； 2. 搭设高度：3m； 3. 脚手架材质：钢管	m²	6.48					

【案例3-5】 花架工程工程量清单编制

某小游园花架设计图如图3-5所示，计算其各分项工程量，并依据《计量规范》附录B.1编制该喷灌工程工程量清单。

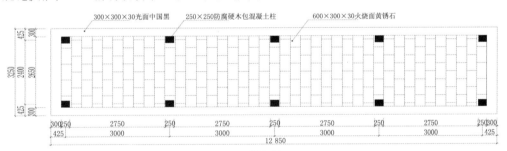

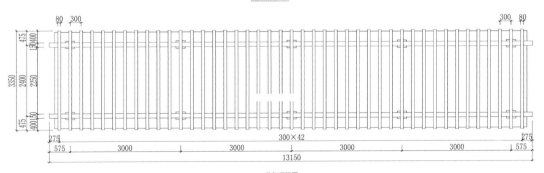

图3-5 某小游园花架设计图

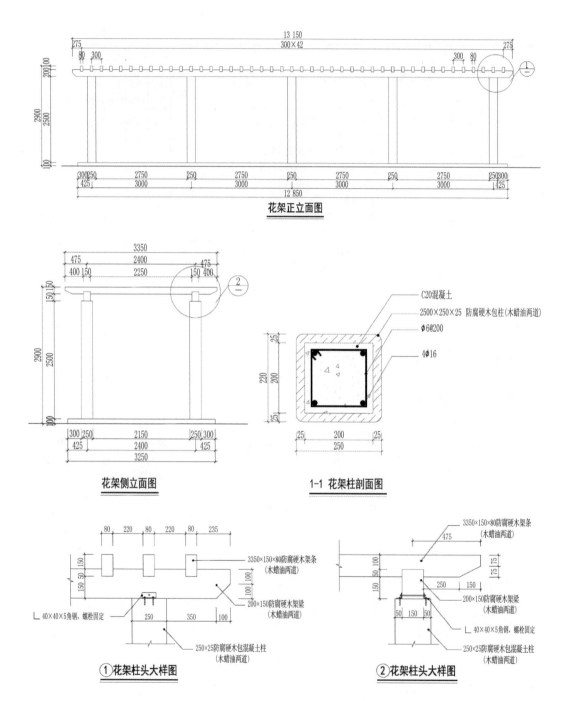

图 3-5 某小游园花架设计图（续）

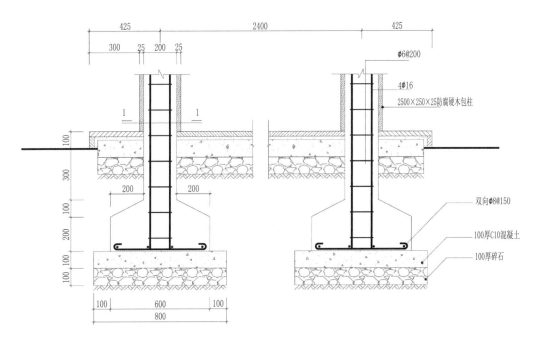

花架柱基剖面图

图 3-5 某小游园花架设计图（续）

（1）分项及列项

由图 3-5，根据花架图纸设计内容和花架工程的清单项目的工作内容及项目特征，确定清单项目编号和项目名称。应列的项目有挖基坑土方、混凝土垫层、碎石垫层、独立基础、回填土方夯实、余方弃置、矩形柱、现浇构件钢筋、花架、柱面装饰、园路、外脚手架、模板项目。

（2）计算工程量

① 分部分项工程清单工程量

a. 挖基坑土方工程量按设计图示尺寸以体积计算。

挖基坑工程量 = 0.8 × 0.8 × 0.8 × 10 = 5.12（m³）

b. 碎石垫层工程量按设计图示尺寸以体积计算。

碎石垫层工程量 = 0.8[长] × 0.8[宽] × 0.1[高] × 10[数量] = 0.64（m³）

c. 混凝土垫层工程量按设计图示尺寸以体积计算。

混凝土垫层工程量 = 0.8[长] × 0.8[宽] × 0.1[高] × 10[数量] = 0.64（m³）

d. 独立基础工程量按设计图示尺寸以体积计算。

独立基础工程量 = {0.6×0.6×0.2[下底] + 0.1×[0.6×0.6 + 0.2×0.2 + (0.6+0.2)×(0.6+0.2)]/6}[棱台]×10(个) = 0.8933(m³)

e. 回填土工程量按设计图示尺寸以体积计算。基础回填按挖方清单项目工程量减去自然地坪以下埋设的基础体积(包括基础垫层及其他构筑物)。

回填土工程量 = 5.12[挖土] - 0.8933[基础] - 0.64×2[垫层] - 0.2×0.2×0.3×10[地下部分柱子] = 2.64(m³)

f. 余土弃置工程量按挖方清单项目工程量减利用回填方体积(正数)计算。

余土弃置工程量 = 5.12[挖方体积] - 2.64[回填体积] = 2.48(m³)

g. 矩形柱工程量按设计图示尺寸以体积计算。

矩形柱工程量 = 0.2×0.2[柱截面积]×(2.5+0.1+0.3)[柱高]×10[个数] = 1.16(m³)

h. 钢筋工程量按设计图示钢筋(网)长度(面积)乘单位理论质量计算。

一级钢6mm：

每根长度 = (0.8 - 8×0.025)[保护层厚度] + 12.5×0.006 = 0.675(m)

根数 = (3.2 - 0.025)/0.2 + 1 = 17(根)

6mm 圆钢工程量 = 0.675×17×6×6×0.00617/1000[直径6mm每米吨位]×10[个数] = 0.0255(t)

一级钢8mm：

每根长度 = 0.6 - 0.025×2 + 12.5×0.008 = 0.65(m)

根数 = (0.6 - 0.025×2)/0.15 + 1 = 5(根)

8mm 圆钢工程量 = 0.65×5×2 双向×10个×8×8×0.00617/1000[直径8mm每米吨位] = 0.0257(t)

一级钢16mm：

16mm 圆钢工程量 = (3.2 - 0.025[保护层] + 12.5×0.016[180°弯钩增加长度])×4×10×16×16×0.00617/1000 = 0.2132(t)

i. 防腐木花架工程量按设计图示截面乘长度(包括榫长)以体积计算。

防腐木花架工程量 = 防腐木架梁 + 防腐木架条 = 0.2[宽]×0.15[厚]×13.15[长]×2[根] + 3.35[长]×0.15[宽]×0.08[厚]×47[根] = 0.789 + 1.8894 = 2.6784(m³)

j. 柱(梁)面装饰工程量按设计图示饰面外围尺寸以面积计算。柱帽、柱墩并入相应柱饰面工程量内。

柱(梁)面装饰工程量 = 2.5×0.25×4×10[根] = 25(m²)

k. 园路工程量按设计图示尺寸以面积计算,不包括路牙。

园路 300×300×30 光面中国黑贴地工程量 = (12.85 - 0.15×2)×2 + (3.25 - 0.15×2)×2)[中心线周长]×0.3[宽] = 9.3 (m²)

园路 600×300×30 火烧面黄锈石贴地面工程量 = (3.25 - 0.3×2)[宽]×(12.85 - 0.3×2)[长] - 0.2×0.2×10(柱所占面积) = 32.0625 (m²)

②计量措施项目工程量

a. 脚手架。外脚手架工程量按所服务对象的垂直投影面积计算。

外脚手架工程量 = 12.85×2.5 = 32.125 (m²)

b. 模板。基础模板工程量按模板与现浇混凝土构件的接触面积计算。

独立基础模板工程量 = 0.6×4×0.3×10 = 7.2 (m²)

矩形柱模板工程量 = 2.5×0.2×4×10 = 20 (m²)

其他现浇构件垫层模板工程量 = 0.8×4×0.1×10 = 3.2 (m²)

(3) 编制工程量清单

查找相应编码,根据图纸及基础资料进行项目特征描述,将计算出的工程量填入表 3-17 中。

表 3-17 花架工程分部分项工程量清单

序号	项目编码	项目名称	项目特征描述	计量单位	工程量	综合单价	合价	建安费用	销项税额	附加税费
								其中		
1	010101002001	挖基坑土方	1. 土壤类别:普通土; 2. 挖土深度:2m 内	m³	5.12					
2	010501001001	垫层 混凝土	垫层厚度、宽度、材料种类:100mm 厚 C10 混泥垫层土	m³	0.64					
3	010404001001	垫层 碎石	垫层厚度、宽度、材料种类:100mm 厚碎石垫层	m³	0.64					
4	010501003001	独立基础	1. 混凝土种类:商品混凝土; 2. 混凝土强度等级:C35	m³	0.89					
5	010103001001	回填土方夯实	1. 密实度要求:0.93 下; 2. 填方材料品种:普通土	m³	2.64					
6	010103002001	余方弃置	1. 废弃料品种:普通土; 2. 运距:30m	m³	2.48					

(续)

序号	项目编码	项目名称	项目特征描述	计量单位	工程量	综合单价	合价	建安费用	销项税额	附加税费
7	010502001001	矩形柱	1. 混凝土种类：商品混凝土； 2. 混凝土强度等级：C20	m³	1.16					
8	010515001001	现浇构件钢筋	钢筋种类、规格：一级圆钢直径6mm	t	0.026					
9	010515001002	现浇构件钢筋	钢筋种类、规格：一级圆钢直径8m	t	0.026					
10	010515001003	现浇构件钢筋	钢筋种类、规格：一级圆钢直径16mm	t	0.213					
11	050304004001	防腐木花架	1. 木材种类：防腐木； 2. 柱、梁截面：3350×150×80防腐硬木架条，200×150防腐硬木架梁； 3. 木面处理：木蜡油两道	m³	2.678					
12	011208001001	柱（梁）面装饰	木材种类：250×25防腐硬木包混凝土柱	m²	25					
13	050201001001	园路 300×300×30 光面中国黑贴地面	材质、规格：300×300×30光面中国黑贴地面；1:2水泥砂浆	m²	9.30					
14	050201001002	园路 600×300×30 火烧面黄锈石贴地面	材质、规格：600×300×30火烧面黄锈石贴地面；1:2水泥砂浆	m²	32.0625					
15	011701002001	外脚手架	1. 搭设方式：单排； 2. 搭设高度：4.2m； 3. 脚手架材质：钢管	m²	32.13					
16	011702001001	独立基础模板	基础类型：独立	m²	7.20					
17	011702001001	矩形柱基础模板	基础类型：独立	m²	20.00					
18	011702001001	垫层 木模板基础	基础类型：独立	m²	3.20					

【案例3-6】 假山、水池工程工程量清单编制

某小游园假山水池设计图如图3-6所示，计算其各分项工程量，并依据《计量规范》附录B.1编制该喷灌工程工程量清单。

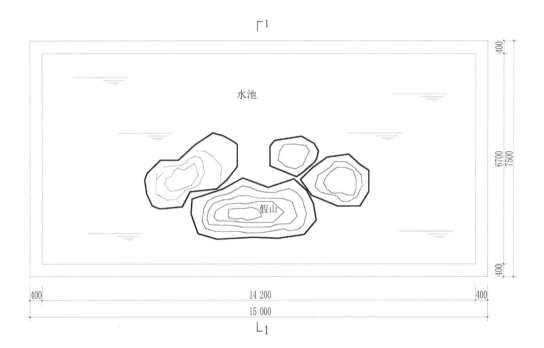

假山水池平面图

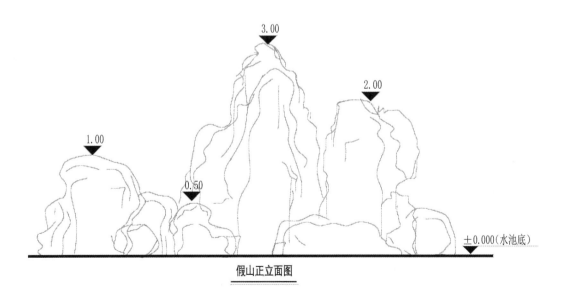

假山正立面图

图 3-6 某小游园假山水池设计图

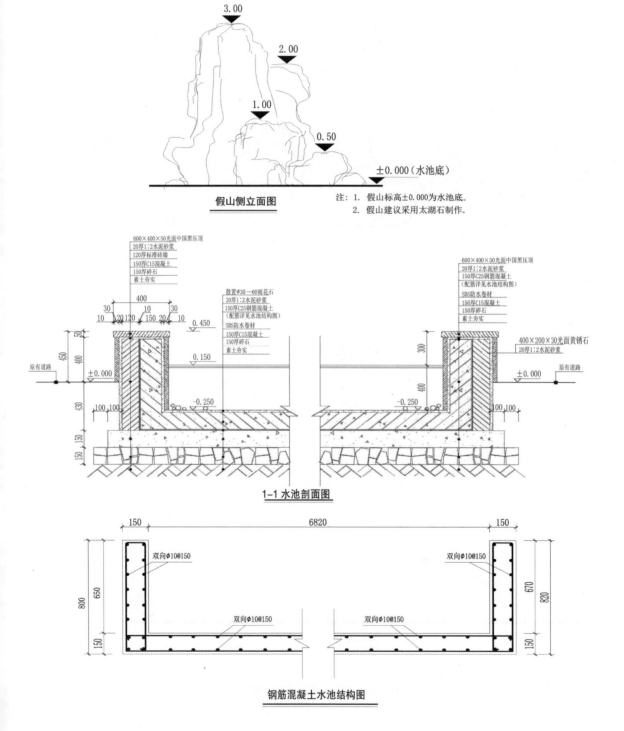

图 3-6 某小游园假山水池设计图(续)

(1) 分项及列项

由图3-6，根据假山水池图纸设计内容和假山水池工程的清单项目的工作内容及项目特征，确定清单项目编号和项目名称。应列的项目有挖基坑土方、150mm混凝土垫层、150mm碎石垫层、现浇混凝土池底、现浇混凝土池壁、现浇构件钢筋、楼地面卷材防水、墙面卷材防水、水泥砂浆楼地面找平、园路（散铺雨花石）、砖砌体、600×400×50光面中国黑压顶、400×200×30光面黄锈石贴面、回填土方、余土弃置、堆砌石假山分部分项项目和模板措施项目。

(2) 计算工程量

① 分部分项工程清单

a. 挖基坑土方工程量按设计图示尺寸以体积计算。

挖基坑土方工程量 = (15 − 0.06 + 0.1 + 0.1 − 0.06 + 0.1 + 0.1)[垫层长] × (7.5 − 0.06 + 0.1 + 0.1 − 0.06 + 0.1 + 0.1)[垫层宽] × 0.73(高) = 86.7812 (m³)

b. 150厚碎石垫层工程量按设计图示尺寸以体积计算。

碎石垫层工程量 = (15 − 0.06 + 0.1 + 0.1 − 0.06 + 0.1 + 0.1)[垫层长] × (7.5 − 0.06 + 0.1 + 0.1 − 0.06 + 0.1 + 0.1)[垫层宽] × 0.15[垫层高] = 17.8318 (m³)

c. 150厚混凝土垫层工程量按设计图示尺寸以体积计算。

混凝土工程量 = (15 − 0.06 + 0.1 − 0.06 + 0.1)[垫层长] × (7.5 − 0.06 + 0.1 − 0.06 + 0.1)[垫层宽] × 0.15[垫层高] = 17.146 (m³)

d. 水池混凝土池壁、池底按设计图示尺寸以体积计算。

池壁混凝土工程量 = (15 − 0.265 × 2 + 7.5 − 0.265 × 2) × 2[池壁中心线周长] × 0.15[厚] × (0.4 + 0.43 − 0.01 − 0.02)[高] = 5.1456(m³)

池底混凝土工程量 = (7.5 − 0.4 + 0.06 − 0.4 + 0.06) × (15 − 0.4 + 0.06 − 0.4 + 0.06) × 0.15 = 14.6494(m³)

e. 钢筋工程量按设计图示钢筋（网）长度（面积）乘单位理论质量计算。

钢筋工程量 = 水池墙外圈钢筋工程量 + 水池墙内圈钢筋工程量 + 底座钢筋工程量

水池壁外圈竖向钢筋分布周长 = [15 − (0.18 + 0.01 + 0.025[保护层厚度]) × 2 + 7.5 − (0.18 + 0.01 + 0.025)] × 2 = 43.71(m)

水池壁外圈竖向钢筋根数 = 43.71/0.15[间距] + 1 = 293(根)

水池壁外圈竖向钢筋长度 = 0.8 − 0.025 × 2[保护层厚度] + 12.5 × 0.01 =

0.875(m)

水池壁外圈横向钢筋长度 = 43.71 + 6.25 × 2 × 0.01[180°弯钩增加长度] = 43.835(m)

水池壁外圈横向钢筋根数 = (0.8 - 0.025 × 2[保护层厚度])/0.15 + 1 = 6(根)

水池壁外圈钢筋工程量 = (293 × 0.875 + 43.835 × 6) × 10 × 10 × 0.006 17/1000[直径10mm 每米吨位] = 0.3205(t)

水池壁内圈竖向钢筋分布长度 = (15 - 0.4 + 0.85) × 2 + (7.5 - 0.4 + 0.85) × 2 = 46.8(m)

水池壁内圈竖向钢筋根数 = 46.8/0.15 + 1 = 313(根)

水池壁内圈竖向钢筋长度 = 0.8 - 0.025 × 2[保护层厚度] + 12.5 × 0.01[180°弯钩增加长度] = 0.875(m)

水池壁内圈横向钢筋长度 = 46.8 + 12.5 × 0.01(180°弯钩增加长度) = 46.925(m)

水池壁内圈横向钢筋根数 = [0.8 - 0.025 × 2(保护层厚度)]/0.15 + 1 = 6(根)

水池壁内圈钢筋工程量 = (313 × 0.875 + 46.925 × 6) × 10 × 10 × 0.006 17/1000[直径10mm 每米吨位] = 0.3427(t)

底座钢筋工程量 = [(14.2/0.15 + 1) × 6.7[宽] + (6.7/0.15 + 1) × 14.2[长]] × 2 × 10 × 10 × 0.006 17/1000[直径10mm 每米吨位] = 1.5912(t)

钢筋工程量 = 水池墙外圈钢筋工程量 + 水池墙内圈钢筋工程量 + 底座钢筋工程量 = 2.2544(t)

f. 防水卷材工程量按设计图示尺寸以面积计算。池底和池壁分别按照楼(地)面防水和墙面防水列项。楼(地)面防水：按主墙间净空面积计算，扣除凸出地面的构筑物、设备基础等所占面积，不扣除间壁墙及单个面积≤0.3m²柱、垛、烟囱和孔洞所占面积。楼(地)面防水反边高度≤300mm 算作地面防水，反边高度 >300mm 按墙面防水计算。

池底卷材防水工程量 = (14.2 + 0.21 × 2)[池底卷材净长] × (6.7 + 0.21 × 2)[池底卷材净宽] = 104.0944（m²）

g. 池壁卷材防水工程量 = (14.2 + 0.21 × 2 + 6.7 + 0.21 × 2) × 2[池壁卷材周长] × (0.43 + 0.4 - 0.02)[池壁卷材净高] = 43.48 × 0.82 = 35.2188（m²）

h. 20厚水泥砂浆找平工程量按设计图示尺寸以面积计算。

20 厚水泥砂浆找平工程量 = (15 - 0.4 + 0.01 - 0.4 + 0.01)[池底净长] × (7.5 - 0.4 + 0.01 - 0.4 + 0.01)[池底净宽] = 95.5584(m²)

i. 池底卵石散铺按园路列项,按面积计算。

卵石散铺园路工程量 = (15 - 0.4 + 0.01 - 0.4 + 0.01)[池底净长] × (7.5 - 0.4 + 0.01 - 0.4 + 0.01)[池底净宽] = 95.5584(m²)

j. 砖砌池壁工程量按设计图示尺寸以体积计算。

砖砌池壁工程量 = (15 - 0.12 × 2 + 7.5 - 0.12 × 2) × 2[砌体中心线周长] × 0.12[墙厚] × (0.4 + 0.43 - 0.02 - 0.01)[墙高] = 4.2278(m³)

k. 池壁装饰分为块料楼地面压顶和块料墙面贴面两项,分别按设计图示尺寸以面积计算。

块料楼地面 600 × 400 × 50 光面中国黑压顶工程量 = (15 - 0.2 × 2 + 7.5 - 0.2 × 2) × 2[压顶中心线周长] × 0.4[宽] = 17.36(m²)

块料墙面 400 × 200 × 30 光面黄锈石贴面工程量 = 池外壁贴面 + 池内壁贴面 = [(15 - 0.06 × 2) × 2 + (7.5 - 0.06 × 2) × 2][池外壁贴面中心线周长] × 0.4[高] + [(15 - 0.4 + 0.06 - 0.4 + 0.06) × 2 + (7.5 - 0.4 + 0.06 - 0.4 + 0.06) × 2][池外壁贴面中心线周长] × (0.4 + 0.43 - 0.01 - 0.02)[高] = 51.632(m²)

l. 回填土按按挖方清单项目工程量减去自然地坪以下埋设的基础体积(包括基础垫层及其他构筑物)。

回填工程量 = 89.9045[挖土方量] - 17.8318[碎石垫层] - 17.146[混凝土垫层] - (15 - 0.04 × 2) × (7.5 - 0.04 × 2) × 0.43[地面以下池底池壁] = 7.3229(m³)

m. 余土弃置按挖方清单项目工程量减利用回填方体积(正数)计算。

余土弃置工程量 = 89.9045[挖土方量] - 7.3229[回填土] = 82.5816(m³)

n. 池内假山工程量按设计图示尺寸以质量计算。

假山工程量 = (0.653[折算系数] × 6.29[底面积] × 3[高] + 0.653 × 4.27 × 2 + 0.72 × 2.66 × 1 + 0.77 × 1.49 × 0.5) × 2.6[密度] = 53.01(t)

②措施项目清单

a. 模板工程量按模板与现浇混凝土构件的接触面积计算。

水池池底池壁混凝土模板工程量 = [15 - (0.06 + 0.12 + 0.01) × 2] × 2 × 0.82 + [7.5 - (0.06 + 0.12 + 0.01) × 2] × 2 × 0.8[外池壁] + 0.65 × [(15 - 0.4 + 0.06 - 0.4 + 0.06) + (7.5 - 0.4 + 0.06 - 0.4 + 0.06)] × 2[内池壁] =

74.266（m²）

b. 150 厚混凝土垫层模板工程量 =（15+0.04×2+7.5+0.04×2）×2[垫层周长]×0.15[垫层高] = 6.798（m²）

（3）编制工程量清单

查找相应编码，根据图纸及基础资料进行项目特征描述，将计算出的工程量填入表中，详见表 3-18。

表 3-18 假山水池工程分部分项工程量清单

序号	项目编码	项目名称	项目特征描述	计量单位	工程量	综合单价	合价	建安费用	销项税额	附加税费
1	010101002001	挖一般土方	1. 土壤类别：普通土； 2. 挖土深度：2m 内	m³	86.781					
2	010501001001	150mm 混凝土垫层	1. 混凝土种类：150mm 混凝土垫层； 2. 混凝土强度等级：C15	m³	17.146					
3	010501001001	150mm 碎石垫层	混凝土种类：150mm 碎石垫层；	m³	17.832					
4	010103001001	回填土方夯实	1. 密实度要求：0.93 下； 2. 填方材料品种：普通土； 3. 填方来源、运距：30m	m³	7.323					
5	010103002001	余方弃置	1. 废弃料品种：普通土； 2. 运距：30m	m³	82.582					
6	040601006001	现浇混凝土池底	混凝土强度等级：C15	m³	14.649					
7	040601007001	现浇混凝土池壁（隔墙）	混凝土强度等级：C15	m³	5.146					
8	010515001001	现浇构件钢筋 10mm	钢筋种类、规格：一级圆钢直径 10mm	t	2.254					
9	010904001001	楼（地）面卷材防水	卷材品种、规格、厚度：SBS10mm 厚	m²	104.094					
10	010903001001	墙面卷材防水	卷材品种、规格、厚度：SBS10mm 厚	m²	35.219					
11	011101001001	水泥砂浆楼地面找平	面层厚度、砂浆配合比：20 厚 1:2 水泥砂浆	m²	95.558					

(续)

序号	项目编码	项目名称	项目特征描述	计量单位	工程量	金额(元)				
						综合单价	合价	其中		
								建安费用	销项税额	附加税费
12	050201001001	园路	散置直径 30~60mm 雨花石	m²	95.558					
13	010401001001	砖砌体	1. 砖品种、规格、强度等级：120mm 厚页岩标准砖 240×115×53mm，Mu7.5 砖； 2. 砂浆强度等级：混合 M5.0	m³	4.228					
14	050201001003	600×400×50 光面中国黑压顶	1. 600×400×50 光面中国黑压顶； 2. 20 厚 1:2 水泥砂浆	m²	17.36					
15	050201001004	400×200×30 光面黄锈石贴面	1. 400×200×30 光面黄锈石贴面； 2. 20 厚 1:2 水泥砂浆	m²	51.632					
16	050301002001	堆砌石假山	1. 堆砌高度：最高点 3m； 2. 石料种类、单块重量：太湖石	t	53.01					
17	011702001001	水池基础模板	基础类型：异形	m²	74.266					
18	011702001001	垫层基础模板	基础类型：异形	m²	6.798					

3.4 措施工程

3.4.1 脚手架工程

脚手架工程包含砌筑脚手架、抹灰脚手架、亭脚手架、满堂脚手架、堆砌(塑)假山脚手架、桥身脚手架、斜道等工程清单措施项目。

3.4.1.1 脚手架工程量计算规则

①砌筑脚手架按墙的长度乘墙的高度以面积计算(硬山建筑山墙高算至山尖)。独立砖石柱高度在 3.6m 以内时，以柱结构周长乘以柱高计算，独立砖石柱高度在 3.6m 以上时，以柱结构周长加 3.6m 再乘以柱高计算。凡砌筑高度在 1.5m 及以上的砌体，应计算脚手架。

②抹灰脚手架按抹灰墙面的长度乘高度以面积计算(硬山建筑山墙高算至

山尖)。独立砖石柱高度在3.6m以内时,以柱结构周长乘以柱高计算,独立砖石柱高度在3.6m以上时,以柱结构周长加3.6m再乘以柱高计算。

③亭脚手架按设计图示数量以座计算或者按建筑面积计算。

④满堂脚手架按搭设的地面主墙间尺寸以面积计算。

⑤堆砌(塑)假山脚手架按外围水平投影最大矩形面积计算。

⑥桥身脚手架按桥基础底面至桥面平均高度乘以河道两侧宽度以面积计算。

⑦斜道按搭设数量计算。

3.4.1.2　工程量清单项目设置(表3-19)

表3-19　脚手架工程(编码:050401)

项目编码	项目名称	项目特征	计量单位	工程量计算规则	工作内容
050401001	砌筑脚手架	1. 搭设方式 2. 墙体高度	m²	按墙的长度乘墙的高度以面积计算(硬山建筑山墙高算至山尖)。独立砖石柱高度在3.6m以内时,以柱结构周长再乘以柱高计算,独立砖石柱高度3.6m以上时,以柱结构周长加3.6m再乘以柱高计算,凡砌筑高1.5m及以上的砌体,应计算脚手架	1. 场内、场外材料搬运 2. 搭、拆脚手架、斜道、上料平台 3. 铺设安全网 4. 拆除脚手架后材料分类堆放
050401002	抹灰脚手架	1. 搭设方式 2. 墙体高度		按抹灰墙面的长度乘高度以面积计算(硬山建筑山墙高算至山尖)。独立砖石柱高度在3.6m以内时,以柱结构周长乘以柱高计算,独立砖石柱高度在3.6m以上时,以柱结构周长加3.6m再乘以柱高计算	
050401003	亭脚手架	1. 搭设方式 2. 檐口高度	1. 座 2. m²	1. 以座计量,按设计图示数量计算 2. 以平方米计量,按建筑面积计算	
050401004	满堂脚手架	1. 搭设方式 2. 施工面高度		按搭设的地面主墙间尺寸以面积计算	
050401005	堆砌(塑)假山脚手架	1. 搭设方式 2. 假山高度	m²	按外围水平投影最大矩形面积计算	
050401006	桥身脚手架	1. 搭设方式 2. 桥身高度		按桥基础底面至桥面平均高度乘以河道两侧宽度以面积计算	
050401007	斜道	斜道高度	座	按搭设数量计算	

3.4.2 模板工程

模板工程包含现浇混凝土垫层、现浇混凝土路面、现浇混凝土路牙、树池围牙、现浇混凝土花架柱、现浇混凝土花架梁、现浇混凝土花池、现浇混凝土桌凳、石桥拱券石、石券脸胎架等工程清单措施项目。

3.4.2.1 模板工程量计算规则

① 现浇混凝土垫层、现浇混凝土路面、现浇混凝土路牙、树池围牙、现浇混凝土花架柱、现浇混凝土花架梁、现浇混凝土花池按混凝土与模板接触面积计算。

② 现浇混凝土飞来椅、现浇混凝土桌凳按设计图示混凝土体积计算或者按设计图示数量以个计算。

③ 石桥拱券石、石券脸胎架按拱券石、石券脸弧形底面展开尺寸以面积计算。

3.4.2.2 工程量清单项目设置（表3-20）

表3-20 模板工程（编码：050402）

项目编码	项目名称	项目特征	计量单位	工程量计算规则	工作内容
050402001	现浇混凝土垫层	厚度	m^2	按混凝土与模板接触面积计算	1. 制作 2. 安装 3. 拆除 4. 清理 5. 刷润滑剂 6. 材料运输
050402002	现浇混凝土路面				
050402003	现浇混凝土路牙、树池围牙	高度			
050402004	现浇混凝土花架柱	断面尺度			
050402005	现浇混凝土花架梁	1. 断面尺寸 2. 梁底高度			
050402006	现浇混凝土花池	池壁断面尺寸			
050402007	现浇混凝土桌凳	1. 桌凳形状 2. 基础尺寸、支墩高度 3. 桌面尺寸、支墩高度 4. 凳面尺寸、支墩高度	1. m^2 2. 个	1. 以平方米计量，按设计图示混凝土体积计算 2. 以个计量，按设计图示数量计算	
050402008	石桥拱券石、石券脸胎架	1. 胎架面高度 2. 矢高、弦长	m^2	按拱券石、石券脸弧形底面展开尺寸以面积计算	

3.4.3 树木支撑架、草绳绕树干、搭设遮阴(防寒)棚工程

3.4.3.1 树木支撑架、草绳绕树干、搭设遮阴(防寒)棚工程工程量计算规则

①树木支撑架、草绳绕树干按设计图示数量计算。

②搭设遮阴(防寒)棚按遮阴(防寒)棚外围覆盖层的展开尺寸以面积计算或者按设计图示数量以株计算。

3.4.3.2 工程量清单项目设置(表3-21)

表3-21 树木支撑架、草绳绕树干、搭设遮阴(防寒)棚工程(编码:050403)

项目编码	项目名称	项目特征	计量单位	工程量计算规则	工作内容
050403001	树木支撑架	1. 支撑类型、材质 2. 支撑材料规格 3. 单株支撑材料数量	株	按设计图示数量计算	1. 制作 2. 运输 3. 安装 4. 维护
05043002	草绳绕树干	1. 胸径(干径) 2. 草绳所绕树干高度			1. 搬运 2. 绕杆 3. 余料清理 4. 养护期后清除
050403003	搭设遮阴(防寒)棚	1. 搭设高度 2. 搭设材料种类、规格	1. m² 2. 株	1. 以平方米计量,按遮阴(防寒)棚外围覆盖层的展开尺寸以面积计算 2. 以株计量,按设计图示数量计算	1. 制作 2. 运输 3. 搭设、维护 4. 养护期后清除

3.4.4 围堰、排水工程

3.4.4.1 围堰、排水工程量计算规则

①围堰按围堰断面面积乘以堤顶中心线长度以体积计算或者按围堰堤顶中心线长度以延长米计算。

②排水按需要排水量以体积计算,围堰排水按堰内水面面积乘以平均水深计算,或者按需要排水日历天计算,或者按水泵排水工作台班计算。

3.4.4.2 工程量清单项目设置(表 3-22)

表 3-22 围堰、排水工程(编码:050404)

项目编码	项目名称	项目特征	计量单位	工程量计算规则	工作内容
050404001	围堰	1. 围堰断面尺寸 2. 围堰长度 3. 围堰材料及灌装袋材料品种、规格	1. m³ 2. m	1. 以立方米计量,按围堰断面面积乘以堤顶中心线长度以体积计算 2. 以米计量,按围堰堤顶中心线长度以延长米计算	1. 取土、装土 2. 堆筑围堰 3. 拆除、清理围堰 4. 材料运输
050404002	排水	1. 种类及管径 2. 数量 3. 排水长度	1. m³ 2. 天 3. 台班	1. 以立方米计量,按需要排水量以体积计算,围堰排水按堰内水面面积乘以平均水深计算 2. 以天计量,按需要排水日历天计算 3. 以台班计算,按水泵排水工作台班计算	1. 安装 2. 使用、维护 3. 拆除水泵 4. 清理

3.4.5 安全文明施工及其他措施项目

本项目包括安全文明施工,夜间施工,非夜间照明,二次搬运,冬雨季施工,反季节栽植影响措施,地上、地下设施的临时保护设施,已完工程及设备保护等清单措施项目。

3.4.5.1 安全文明施工及其他措施项目工程量计算规则

(1)计算规则

安全文明施工,夜间施工,非夜间施工照明,二次搬运,冬雨季施工,反季节栽植影响措施,地上、地下设施的临时保护设施,已完工程及设备保护按措施项目数量计算。

(2)注意事项

所列项目应根据工程实际情况计算措施项目费用,需分摊的应合理计算摊销费用。

3.4.5.2 工程量清单项目设置(表3-23)

表3-23 安全文明施工及其他措施项目(编码:050405)

项目编码	项目名称	工作内容及包含范围
050405001	安全文明施工	1. 环境保护:现场施工机械设备降低噪音,防扰民措施;水泥、种植土和其他易飞扬细颗粒建筑材料密闭存放或采取覆盖措施等;工程防扬尘洒水;土石方、杂草、种植遗弃物及建渣外运车辆防护措施等;现场污染源的控制,生活垃圾清理外运、场地排水排污措施;其他环境保护措施。 2. 文明施工:"五牌一图";现场围挡的墙面美化(包括内外粉刷、刷白、标语等)、压顶装饰;现场厕所便槽刷白、贴面砖,水泥砂浆地面或地砖,建筑物内临时便溺设施;其他施工现场临时设施的装饰装修、美化措施;现场生活卫生设施;符合卫生要求的饮水、淋浴、消毒等设施;生活用洁净燃料;防煤气中毒、防蚊虫叮咬等措施;施工现场操作地的硬化;现场绿化、治安综合治理;现场配备医药保健器材、物品和急救人员培训;用于现场工人的防暑降温、电风扇、空调等设备及用电;其他文明施工措施。 3. 安全施工:安全资料、特殊作业专项方案的编制,安全施工标志的购置及安全宣传;"三宝"(安全帽、安全带、安全网)、"四口"(楼梯口、管井口、通道口、预留洞口)、"五临边"(园桥围边、驳岸围边、跌水围边、槽坑围边、卸料平台两侧),水平防护架、垂直防护架、外架封闭等防护;施工安全用电,包括配电箱三级配电、两级保护装置要求、外电防护措施;起重设备(含起重机、井架、门架)的安全防护措施(含警示标志)及卸料平台的临边防护、层间安全门、防护棚等设施;园林工地起重机械的检验检测;施工机具防护棚及其围栏的安全保护设施;施工安全防护通道;公认的安全防护用品、用具购置;消防设施与消防器材的配置;电气保护、安全照明设施;其他安全防护措施。 4. 临时设施:施工现场采用彩色、定型钢板,砖、混凝土砌块等围挡的安砌、维修、拆除;施工现场临时建筑物、构筑物的搭设、维修、拆除,如临时宿舍、办公室、食堂、厨房、厕所、诊疗所、临时文化福利用房、临时仓库、加工厂、搅拌台、临时简易水塔、水池等;施工现场临时设施的搭设、维修、拆除,如临时供水管道、临时供电管线、小型临时设施等;施工现场规定范围内临时简易道路铺设,临时排水沟,排水设施安砌、维修、拆除;其他临时设施的搭设、维修、拆除
050405002	夜间施工	1. 夜间固定照明灯具和临时可移动照明灯具的设置、拆除; 2. 夜间施工时施工现场交通标志、安全标牌、警示灯等的设置、移动、拆除; 3. 夜间照明设备、照明用电、施工人员夜班补助、夜间施工劳动效率降低等
050405003	非夜间照明	为保证工程施工正常进行,在假山石洞等特殊施工部位时所采用的照明设备的安拆、维护和照明用电等
050405004	二次搬运	由于施工场地条件限制而发生的材料、植物、成品、半成品等一次运输不能到达堆放地点,必须进行的二次或多次搬运

（续）

项目编码	项目名称	工作内容及包含范围
050405005	冬雨季施工	1. 冬雨（风）季施工时增加的临时设施（防寒保温、防雨、防风设施）的搭设、拆除； 2. 冬雨（风）季施工时对植物、砌体、混凝土等采用的特殊加温、保温和养护措施； 3. 冬雨（风）季施工时施工现场的防滑处理，对影响施工的雨雪的清除； 4. 冬雨（风）季施工时增加的临时设施、施工人员的劳动保护用品、冬雨（风）季施工劳动效率降低等
050405006	反季节栽植影响措施	因反季节栽植，在增加材料、人工、防护、养护、管理等方面采取的种植措施及保证成活率措施
050405007	地上、地下设施的临时保护设施	在构成施工过程中，对已建成的地上、地下设施和植物进行的遮盖、封闭、隔离等必要保护措施
050405008	已完工程及设备保护	对已完工程及设备采取的覆盖、包装、封闭、隔离等必要的保护措施

【技能训练3-1】 某广场园林工程工程量清单编制

某广场园林设计图如图3-7所示，已知总面积为198.6m²，场地土质为二类土，弃渣土运距为5km，植物养护期为1年、二级养护，请完成该广场的园林工程工程量清单编制。

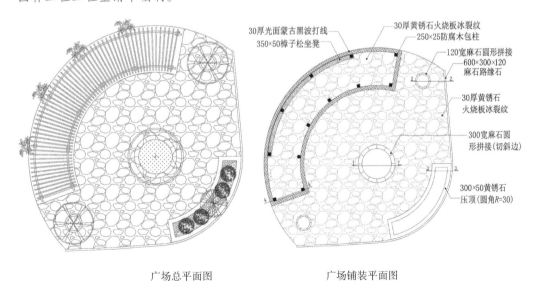

广场总平面图　　　　广场铺装平面图

图3-7　某广场园林工程施工图

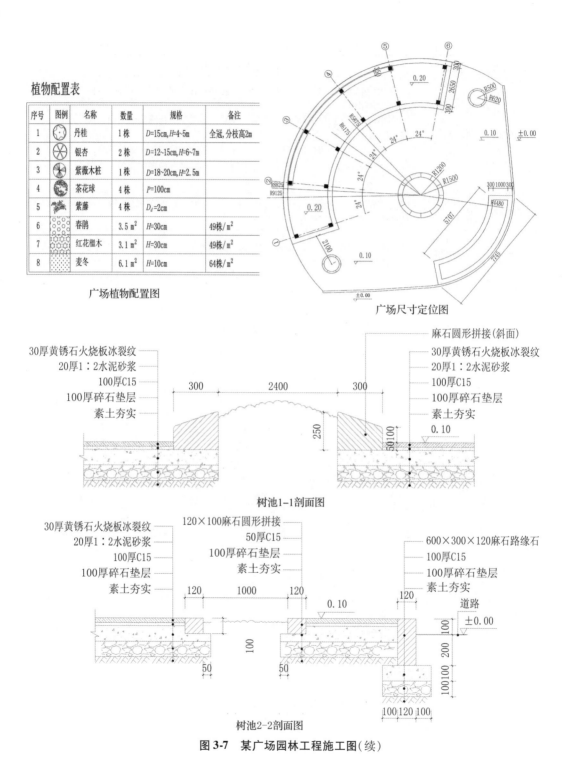

图 3-7 某广场园林工程施工图(续)

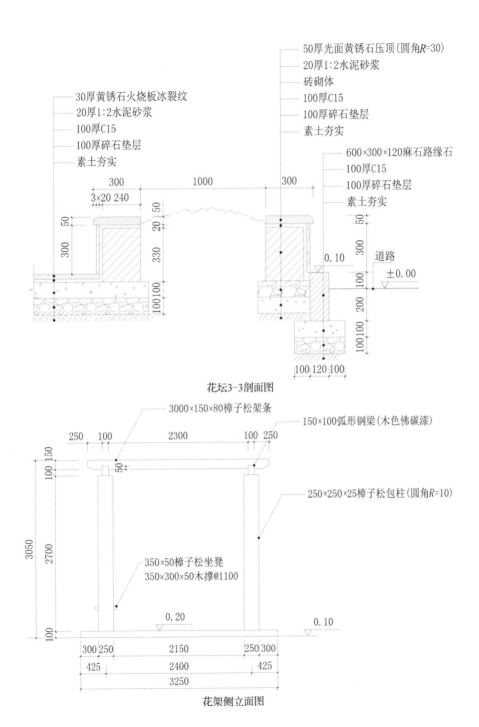

图 3-7 某广场园林工程施工图(续)

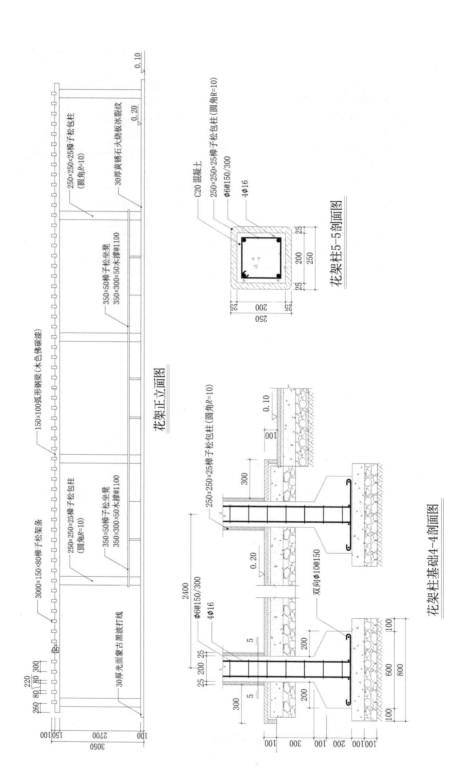

图 3-7 某广场园林工程施工图（续）

【练习题】
1. 园林工程中栽植花木的工程量计算规则有哪些?
2. 整理绿化用地清单所指的范围是什么?包含哪些工作内容?
3. 脚手架工程量的计算规则是什么?

【思考题】
计量规范中的工作内容在编制工程量清单时有什么作用?请举例说明。

【讨论题】
在套取清单项目时,园林工程内容与计量规范中的清单不一致应该怎么办?

单元 4
园林工程工程量清单计价编制

【知识目标】

(1) 了解园林工程费用的构成。

(2) 了解园林工程量清单计价的依据。

【技能目标】

(1) 能够准确、灵活套用消耗量定额。

(2) 能编制工程量清单计价文件。

4.1 建筑安装工程费用构成

为适应深化工程计价改革的需要,根据国家有关法律、法规及相关政策,在总结原建设部、财政部《关于印发〈建筑安装工程费用项目组成〉的通知》(建标[2003]206号)(以下简称《通知》)执行情况的基础上下发了《住房和城乡建设部 财政部关于印发〈建筑安装工程费用项目组成〉的通知》([2013]44号),具体规定如下:

建筑安装工程费用项目按费用构成要素组成划分为人工费、材料费、施工机具使用费、企业管理费、利润、规费和税金。

建筑安装工程费用按工程造价形成顺序划分为分部分项工程费、措施项目费、其他项目费、规费和税金(图4-1)。

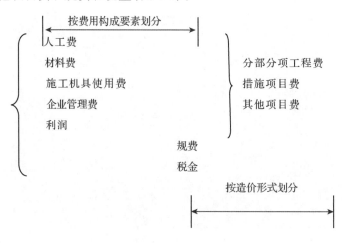

图4-1 建筑安装工程费用项目划分

4.1.1 按费用构成要素划分

如图4-2所示,建筑安装工程费由人工费、材料(包含构成设备,下同)费、施工机具使用费、企业管理费、利润、规费和税金组成。其中人工费、材料费、施工机具使用费、企业管理费和利润包含在分部分项工程费、措施项目费、其他项目费中。

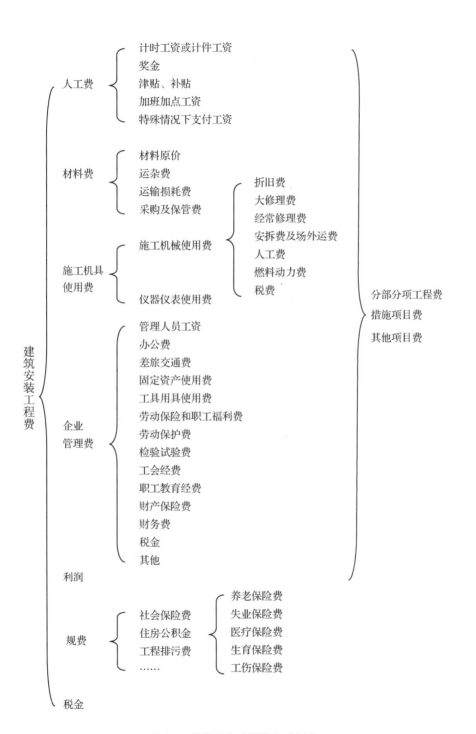

图 4-2 按费用构成要素组成划分

4.1.1.1 人工费

人工费是指按工资总额构成规定,支付给从事建筑安装工程施工的生产工人和附属生产单位工人的各项费用。人工费包括:

(1)计时工资或计件工资

计时工资或计件工资指按计时工资标准和工作时间或对已做工作按计件单价支付给个人的劳动报酬。

(2)奖金

奖金指对超额劳动和增收节支支付给个人的劳动报酬。如节约奖、劳动竞赛奖等。

(3)津贴、补贴

津贴、补贴指为了补偿职工特殊或额外的劳动消耗和因其他特殊原因支付给个人的津贴、特殊地区施工津贴、高温(寒)作业临时津贴、高空津贴等。

(4)加班加点工资

加班加点工资指按规定支付的在法定节假日工作的加班工资和在法定日工作时间外延时工作的加点工资。

(5)特殊情况下支付的工资

特殊情况下支付的工资指根据国家法律、法规和政策规定,因病、工伤、产假、计划生育假、婚丧假、事假、探亲假、定期休假、停工学习、执行国家或社会义务等原因按计时工资标准或计时工资标准的一定比例支付的工资。

4.1.1.2 材料费

材料费是指施工过程中消耗的原材料、辅助材料、构配件、零件、半成品或成品、工程设备的费用。材料内容包括:

(1)材料原价

材料原价指材料、工程设备的出厂价格或商家供应价格。

(2)运杂费

运杂费指材料、工程设备自来源地运至工地仓库或指定堆放地点所发生的全部费用。

(3)运输损耗费

运输损耗费指材料在运输装卸过程中不可避免的损耗。

(4)采购及保管费

采购及保管费指为组织采购、供应和保管材料、工程设备的过程中所需要的各项费用。包括采购费、仓储费、工地保管费、仓储损耗。

这里的工程设备是指构成或计划构成永久工程一部分的机电设备、金属结构设备、仪器装置及其他类似的设备和装置。

4.1.1.3 施工机具使用费

施工机具使用费是指施工作业所发生的施工机械、仪器仪表使用费或其租赁费。

（1）施工机械使用费

施工机械使用费以施工机械台班耗用量乘以施工机械台班单价表示，即：

施工机械使用费 = $\sum$（施工机械台班消耗量 × 机械台班单价）

这里施工机械台班单价应由以下7项费用组成：

① 折旧费　施工机械在规定的使用年限内，陆续收回其原价值的费用。

② 大修理费　施工机械按规定的大修理间隔台班进行必要的大修理，以恢复其正常功能所需的费用。

③ 经常修理费　施工机械除大修理以外的各级保养和临时故障排除所需的费用。它包括为保障机械正常运转所需替换设备与随机配备工具附具的摊销和维修费，机械运转中日常保养所需润滑与擦拭的材料费用及机械停滞期间的维护和保养费用等。

④ 安拆费及场外运费　安拆费指施工机械（大型机械除外）在现场进行安装与拆卸所需的人工、材料、机械和试运转费用以及机械辅助设施的折旧、搭设、拆除等费用；场外运费指施工机械整体或分体自停放地点运至施工现场或由一个施工地点运至另一个施工地点的运输、装卸、辅助材料架线等费用。

⑤ 人工费　机上司机（司炉）和其他操作人员的人工费。

⑥ 燃料动力费　施工机械在运转作用中所消耗的各种燃料及水、电费用。

⑦ 税费　施工机械按照国家规定应缴纳的车船使用税、保险费及年检费等。即：

机械台班单价 = 台班折旧费 + 台班折旧费 + 台班大修理费 + 台班安拆费及场外运费 + 台班人工费 + 台班燃料动力费 + 台班车船税费

工程造价管理机构在确定计价定额中的施工机械使用费时，应根据《建筑施工机械台班费用计算规则》，结合市场调查编制施工机械台班单价。施工企业可以参考工程造价管理机构发布的台班单价，自主确定施工机械使用费的报价,如施工程机械使用费 = $\sum$(施工机械台班消耗量×机械台班租赁单价)。

(2)仪器仪表使用费

仪器仪表使用费是指工程施工需要使用的仪器仪表的摊销及维修费用,即:

仪器仪表使用费 = 工程使用的仪器仪表摊销费 + 维修费

当一般纳税人采用一般计税方法时,施工机械台班单价和仪器仪表台班单价中的相关子项均需扣除增值税进项税额。

4.1.1.4 企业管理费

企业管理费是指建筑安装企业组织施工生产和经营管理所需的费用。企业管理费内容包括:

(1)管理人员工资

管理人员工资指按规定支付给管理人员的计时工资、奖金、津贴补贴、加班加点工资及特殊情况下支付的工资等。

(2)办公费

办公费指企业管理办公用的文具、纸张、账表、印刷、邮电、书报、办公软件、现场监控、会议、水电、烧水和集体取暖降温(包括现场临时宿舍取暖降温)等费用。

(3)差旅交通费

差旅交通费指职工因公出差、调动工作的差旅费、住勤补助费,市内交通费和误餐补助费,职工探亲路费,劳动力招募费,职工退休、退职一次性路费,工伤人员就医路费,工地转移费以及管理部门使用的交通工具的油料、燃料等费用。

(4)固定资产使用费

固定资产使用费指管理和试验部门及附属生产单位使用的属于固定资产的房屋、设备、仪器等的折旧、大修、维修或租赁费。

(5)工具用具使用费

工具用具使用费指企业施工生产管理使用的不属于固定资产的工具、器具、家具、交通工具和检验、试验、测绘、消防用具等的购置、维修和摊销费。

(6)劳动保险和职工福利费

劳动保险和职工福利费指由企业支付的职工退职金、按规定支付给离休干部的经费、集体福利费、夏季防暑降温、冬季取暖补贴、上下班交通补贴等。

(7) 劳动保护费

劳动保护费指企业按规定发放的劳动保护用品的支出。如工作服、手套、防暑降温饮料以及在有碍身体健康的环境中施工的保健费用等。

(8) 检验试验费

检验试验费指施工企业按照有关标准规定，对建筑以及材料、构件和建筑安装物进行一般鉴定、检查所发生的费用，包括自设实验室进行试验所消耗的材料等费用，不包括新结构、新材料的试验费，对构件做破坏性试验及其他特殊要求检验试验的费用和建设单位委托检测机构进行检测的费用，对此类检测发生的费用，由建设单位在工程建设其他费用中列支。但对施工企业提供的具有合格证明的材料进行检测不合格的，该检测费用由施工企业支付。

(9) 工会经费

企业按《中华人民共和国工会法》规定的全部职工工资总额比例计提工会经费。

(10) 职工教育经费

职工教育经费指企业按职工工资总额的规定比例计提，为职工进行专业技术和职业技能培训、专业技术人员继续教育、职工职业技能鉴定、职业资格认定以及根据需要对职工进行各类文化教育所发生的费用。

(11) 财产保险费

财产保险费指施工管理用财产、车辆等的保险费用。

(12) 财务费

财务费指企业为施工生产筹集资金或提供预付款担保、履约担保、职工工资支付担保等所发生的各种费用。

(13) 税金

税金指企业按规定缴纳的房产税、车船使用税、土地使用税、印花税、城市维护建设税、教育费附加、地方教育附加等。

(14) 其他

其他费用包括技术转让费、技术开发费、投标费、业务招待费、绿化费、广告费、公证费、法律顾问费、审计费、咨询费、保险费等。

企业管理费一般采用取费基数乘以费率的方法计算，取费基数有3种，分别是：以直接费为计算基数、以人工费和施工机具使用费合计为计算基数以及以人工费为计算基数。其计算方法为：

$$企业管理费 = 一定的计费基础 \times 企业管理费费率$$

以直接费为计算基础：

$$企业管理费费率(\%) = \frac{生产工人年平均管理费}{年有效施工天数 \times 人工单价} \times 人工费占直接费的比例(\%)$$

以人工费和机械费合计为计算基础：

$$企业管理费费率(\%) = \frac{生产工人年平均管理费}{年有效施工天数 \times (人工单价 + 每一台班施工机具使用费)} \times 100$$

以人工费为计算基础：

$$企业管理费费率(\%) = \frac{生产工人年平均管理费}{年有效施工天数 \times 人工单价} \times 100$$

注意：上述公式适用于施工企业投标报价时自主确定管理费，是工程造价管理机构编制计价定额确定企业管理费的参考依据。

工程造价管理机构在确定计价定额中企业管理费时，应以定额人工费或（定额人工费+定额机械费）作为计算基数，其费率根据历年工程造价积累的资料，辅以调查数据确定，列入分部分项工程和措施项目中。

4.1.1.5 利润

利润是指施工企业完成所承包工程获得的盈利。

注意：

①施工企业根据企业自身需求并结合建筑市场实际自主确定，列入报价中。

②工程造价管理机构在确定计价定额中利润时，应以定额人工费或定额人工费与定额机械费之和作为计算基数，其费率根据历年工程造价积累的资料，并结合建筑市场实际确定，以单位（单项）工程测算，利润在税前建筑安装工程费的比重可按不低于5%且不高于7%的费率计算。利润应列入分部分项工程和措施项目中。

4.1.1.6 规费

规费是指国家法律、法规规定，由省级政府和省级有关权力部门规定必须缴纳或计取的费用。包括：

(1)社会保险费
①养老保险费　企业按照规定标准为职工缴纳的基本养老保险费。
②失业保险费　企业按照规定标准为职业缴纳的失业保险费。
③医疗保险费　企业按照规定标准为职工缴纳的基本医疗保险费。
④生育保险费　企业按照规定标准为职工缴纳的生育保险费。
⑤工伤保险费　企业按照规定标准为职工缴纳的工伤保险费。
(2)住房公积金
企业按规定标准为职工缴纳住房公积金。
注意：社会保险费和住房公积金应以定额人工费为计算基础，根据工程所在省(自治区、直辖市)或行业建设主管部门规定费率计算。
(3)工程排污费
按规定缴纳的施工现场工程排污费。
其他应列而未列入的规费，按实际发生计取。

4.1.1.7　税金

税金是指国家税法规定的应计入建筑安装工程造价类的增值税额，按税前造价乘以增值税税率确定。

(1)采用一般计税方法时增值税的计算

当采用一般计税方法时，建筑业增值税税率为11%。计算公式为：

$$增值税 = 税前造价 \times 11\%$$

税前造价为人工费、材料费、施工机具使用费、企业管理费、利润和规费之和，各费用项目均不包含增值税可抵扣进项税额的价格计算。

(2)采用简易计税方法时增值税的计算

①简易计税的适用范围　根据《营业税改征增值税试点实施办法》以及《营业税改征增值税试点有关事项的规定》，简易计税方法主要适用于以下几种情况：

• 小规模纳税人发生应税行为适用简易计税方法计税。小规模纳税人通常是指纳税人提供建筑服务的年应征增值税销售额未超过500万元，并且会计核算健全，不能按规定报送有关税务资料的增值税纳税人。年应征销售额超过500万元，但不经常发生应税行为的单位也可选择按照小规模纳税人计税。

• 一般纳税人以清包工方式提供的建筑服务，可以选择适用简易计税方法计税。以清包工方式提供建筑服务，是指施工方不采购建筑工程所需的材料或只采购辅助材料,并收取人工费、管理费或者其他费用的建筑服务。

• 一般纳税人为甲供工程提供的建筑服务,可以选择适用简易计税方法计税。甲供工程,是指全部或部分设备、材料、动力由工程发包方自行采购的建筑工程。

• 一般纳税人为建筑工程老项目提供的建筑服务,可以选择适用简易计税方法计税。建筑工程老项目包括:《建筑工程施工许可证》注明的合同开工日期在2016年4月30日前的建筑工程项目;未取得《建筑工程施工许可证》,建筑工程承包合同注明的开工日期在2016年4月30日前的建筑工程项目。

②简易计税的计算方法　当采用简易计税方法时,建筑业增值税税率为3%。计算公式为:

$$增值税 = 税前造价 \times 3\%$$

税前造价为人工费、材料费、施工机具使用费、企业管理费、利润和规费之和,各费用项目均以包含增值税进项税额的含税价格计算。

4.1.2 按工程造价形成顺序划分

如图4-3所示,建设安装工程费按照工程造价形成由分部分项工程费、措施项目费、其他项目费、规费、税金组成,分部分项工程费、措施项目费、其他项目费包含人工费、材料费、施工机具使用费、企业管理费和利润。

4.1.2.1 分部分项工程费

分部分项工程费是指各专业工程的分部分项工程应予列支的各项费用。

$$分部分项工程费 = \sum (分部分项工程量 \times 综合单价)$$

其中,综合单价包括人工费、材料费、施工机具使用费、企业管理费和利润以及一定范围的风险费用(下同)。

(1)专业工程

专业工程包括按现行国家计量规范划分的房屋建筑与装修工程、仿古建筑工程、通用安装工程、市政工程、园林绿化工程、矿山工程、构筑物工程、城市轨道交通工程、爆破工程等各类专业工程。

(2)分部分项工程

分部分项工程指按现行国家计量规范对各专业工程规划的项目。如房屋建筑与装饰工程划分为土石方工程、地基处理与桩基工程、砌筑工程、钢筋及钢筋混凝土工程等。各类专业工程分部分项工程划分见现行国家或行业计量规范。

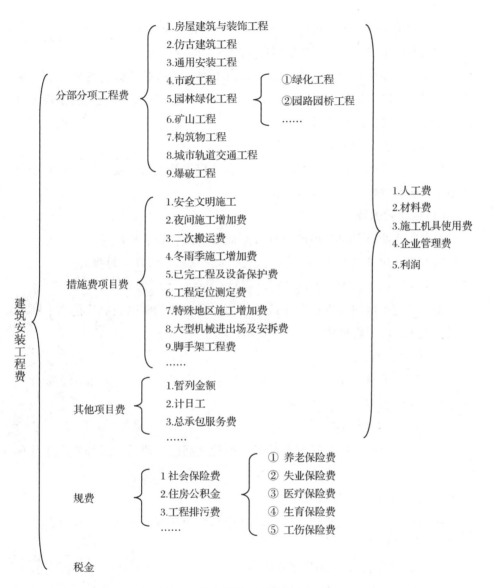

图 4-3　按工程造价形成顺序划分

4.1.2.2　措施项目费

措施项目费是指为完成建设工程施工，发生于该工程施工前和施工过程中的技术、生活、安全、环境保护等方面的费用。措施项目费内容包括：

（1）安全文明施工费

①环境保护费　施工现场为达到环保部门要求所需要的各项费用。

②文明施工费 施工现场文明施工所需要的各项费用。

③安全施工费 施工现场安全施工所需要的各项费用。

④临时设施费 施工企业为进行建设工程施工所必须搭设的生产和生活用的临时建筑物、构筑物和其他临时施工费用。它包括临时设施的搭设、维修、拆除、清理费或摊销费等。

(2) 夜间施工增加费

夜间施工增加费指因夜间施工所发生的夜班补助费、夜间施工降效、夜间施工照明设备摊销及照明用电等费用。

(3) 二次搬运费

二次搬运费指因施工场地条件限制而发生的材料、构配件、半成品等一次运输不能到达指定地点，必须进行二次或多次搬运所发生的费用。

(4) 冬雨季施工增加费

冬雨季施工增加费指在冬季或雨季施工需增加的临时设施、防滑、排除雨雪、人工及施工机械效率降低等费用。

(5) 已完工程及设备保护费

已完工程及设备保护费竣工验收前，对已完工程及设备采取的必要保护措施所发生的费用。

(6) 工程定位复测费

工程定位复测费指工程施工过程中进行全部施工测量放线和复测工作的费用。

(7) 特殊地区施工增加费

特殊地区施工增加费指在沙漠或其边缘、高海拔、高寒、原始森林等特殊地区施工增加的费用。

(8) 大型机械设备进出场及安拆费

大型机械设备进出场及安拆费指机器整体或分体自停放场地运至施工现场或由一个施工地点运至另一个施工地点，所发生的机械进出场运输及转移费用及机械在施工现场进行安装、拆卸所需的人工费、材料费、机器费、试运转费和安装所需的辅助设施的费用。

(9) 脚手架工程费

脚手架工程费指施工需要的各种脚手架搭、拆、运输费用以及脚手架购置费的摊销（或租赁）费用。

措施项目费的计算方法如下：

①应予计量的措施项目　也称单价措施项目，其计算公式为：

$$单价措施项目费 = \sum(措施项目工程量 \times 综合单价)$$

②不宜计量的措施项目　也称总价措施项目，计算方法如下：

a. 安全文明施工费。

$$安全文明施工费 = 计算基数 \times 安全文明施工费费率$$

计算基数应为定额基价(定额分部分项工程费+定额中可以计量的措施项目费)、定额人工费或定额人工费与施工机具使用费之和，其费率由工程造价管理机构根据各专业工程的特点综合确定。

b. 夜间施工增加费。

$$夜间施工增加费 = 计算基数 \times 夜间施工增加费费率$$

c. 二次搬运费。

$$二次搬运费 = 计算基数 \times 二次搬运费费率$$

d. 冬雨季施工增加费。

$$冬雨季施工增加费 = 计算基数 \times 冬雨季施工增加费费率$$

e. 已完工程及设备保护费。

$$已完工程及设备保护费 = 计算基数 \times 已完工程及设备保护费费率$$

上述 b~e 项措施项目的计算基数应为定额人工费或定额人工费与定额机械费之和，其费率由工程造价管理机构根据各专业工程特点和调查资料综合分析后确定。

4.1.2.3　其他项目费

(1) 暂列金额

暂列金额指建设单位在工程量清单中暂定并包括在工程合同价款中的一笔款项。它包括用于施工合同签订时尚未确定或者不可预料的所需材料、工程设备、服务的采购，施工中可能发生的工程变更、合同约定调整因素出现时的工程价款调整以及发生的索赔、现场签证确认等的费用。

(2) 计日工

计日工指在施工过程中，施工企业完成建设单位提出的施工图以外的零星项目或工作所需的费用。

(3) 总承包服务费

总承包服务费指总承包人为配合、协调建设单位进行的专业工程发包，对建设单位自行采购的材料、工程设备等进行保管以及施工现场管理、竣工资料汇总整理等服务所需的费用。

其他项目费计算方法如下：

①暂列金额　由建设单位根据工程特点，按有关计价规定估算，施工过程中由建设单位掌握使用，扣除合同价款调整后如有余额，归建设单位。

②计日工　由建设单位和施工企业按施工过程中的签证计价。

③总承包服务费　由建设单位在招标控制价中根据总包服务范围和有关计价规定编制，施工企业投标时自主报价，施工过程中按签约合同价执行。

4.1.2.4　规费

定义同前，略。

4.1.2.5　税金

定义同前，略。

注意：

①各专业工程计价定额的使用周期原则上为5年。

②工程造价管理机构在定额使用周期内，应及时发布人工、材料、机械台班价格信息，实行工程造价动态管理，如遇国家法律、法规、规章或相关政策变化以及建筑市场物价波动较大，应适时调整定额人工费、定额机械费以及定额基价或规费费率，使建筑安装工程费能反映建筑市场实际。

③建设单位在编制招标控制价时，应按照各专业工程的计量规范和计价定额以及工程造价信息编制。

④施工企业在使用计价定额时除不可竞争费用外，其余仅作参考，由施工企业投标时自主报价。

⑤建设单位和施工企业均按照省、自治区、直辖市或行业建设主管部门发布的标准计算规费和税金，不得做竞争性费用。

4.2　工程量清单计价依据及应用

工程量清单计价模式是以招标人提供工程量清单，投标人自主报价，经评审合理低价中标的一种模式。投标人自主报价时，应根据招标文件中的工程量清单和有关要求、施工现场实际情况、合理的施工方法，依据企业定额和市场价格信息(或参照建设行政主管部门发布的社会平均消耗量定额及费用定额)进行编制。所以,要做好投标报价工作,企业就要逐步建立根据本企业施工技术管理水平制定的企业定额,在无企业定额的情况下,只能参考现行施工定额、预算定额及消耗量定额等工程定额。

4.2.1 工程定额

定额是指在一定的生产技术条件下,生产单位或生产者进行生产经营活动时,在人力、物力、财力消耗方面所应遵循达到的数量标准。即在建筑生产中,为了完成单位合格建筑产品所消耗的一定人工、材料和机械台班的数额。定额一般具有以下三大特点:

(1)科学性

定额是实事求是用科学方法,总结经验,根据技术测定和统计、分析而综合制定的,能反映产品中劳动消耗的客观需要量;包含了一般设计施工情况下所需的全部工序、内容和人工、材料、机械台班的数量;体现了已推广的新结构、新材料和新技术、新方法;体现了正常条件下能达到的平均先进水平;能正确反映当前生产力水平的单位产品所需的生产消耗量。

(2)法令性

经国家或授权单位颁发的定额,具有法令的性质。属于规定范围内的任何单位,都必须认真贯彻执行。执行定额要加强政策观念,不得任意修改。定额的管理部门应对定额使用单位进行必要的监督,保证和维护定额的严肃性。

(3)实践性(群众性)

定额是广大群众的实践结果,要依靠广大群众贯彻执行,并通过广大群众的生产施工活动,进一步提高定额水平;对一些设计与施工中变化多,对造价影响较大的重要因素,可根据实践活动来调整换算。

总之,定额的科学性是定额法令性的客观依据,是定额的法令性得以正确执行的重要保证;定额的实践性(群众性)则是定额科学性和法令性的基础。

4.2.2 定额的分类

在园林建设工程过程中,由于使用对象和目的不同,园林工程定额的种类很多,根据内容、用途和使用范围的不同,可分为以下几类(图4-4):

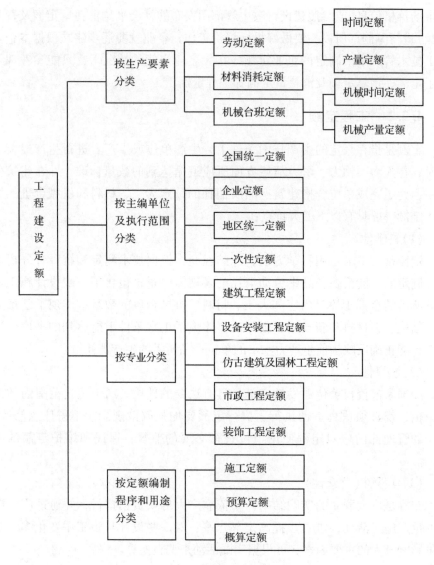

图 4-4　工程建设定额分类

(1) 按生产要素分类

进行物质资料生产所必须具备的 3 个要素是：劳动者、劳动对象和劳动手段。

劳动者是指生产工人，劳动对象是指材料和各种半成品等，劳动手段是指生产机具和设备。

为了适应建设工程施工活动的需要，定额可按这 3 个要素编制，即劳动定额、材料消耗定额、机械台班使用定额。

(2)按主编单位和执行范围分类

按编制单位和执行范围分类,可分为全国统一定额和地区统一定额、一次性定额、企业定额。

(3)按专业不同分类

按专业不同分类,可分为建筑工程定额(也称土建工程定额)、建筑安装工程定额;仿古建筑及园林绿化工程定额、公路定额、装饰工程定额等。

(4)按编制程序和用途分类

按编制程序和用途分类,可分为5种:施工定额、预算定额、概算定额、概算指标和投资估算指标。

4.2.3 消耗量定额

消耗量定额是为了规范建设工程工程量清单计价行为,进一步贯彻政府宏观调控、企业自主报价、市场形成价格、社会监督的工程造价管理思路,正确引导建设市场各主体的工程量清单的编制和计价工作,各建设行政主管部门在本地区预算定额的基础上,结合当前建设工程设计、施工和管理的实际水平编制的各专业工程中完成规定计量单位分项工程所需的人工、材料、施工机械台班消耗数量的标准,是编制施工图预算、招标标底、投标报价、确定工程造价的基本依据。

消耗量定额是确定单位分项工程或结构构件的基础,因此它体现了国家、建设单位和施工企业之间的一种经济关系,建设单位按消耗量定额计算招标标底,为拟建工程提供必要的资金供应。施工企业则在消耗量定额的范围内,通过建筑施工活动,保质、保量、如期地完成工程任务。

(1)消耗量定额的作用

①消耗量定额是统一建设工程工程量计算规则、项目划分和计量单位的依据。

②消耗量定额是确定各专业工程中完成规定计量单位分项工程所需人工、材料、施工机械台班消耗数量的参考标准。

③消耗量定额是建筑工程招标过程中确定标底和报价、编制企业定额的重要依据。

④消耗量定额是编制地区单位估价表、概算定额和概算指标的基础资料。

(2)消耗量定额手册内容

要正确地使用园林工程预算定额，首先必须了解园林工程预算定额手册的基本结构。

园林工程预算定额手册主要由文字说明、定额项目表和附录三部分内容组成。文字说明包括总说明、分步工程说明、分项工程说明等（图4-5）。

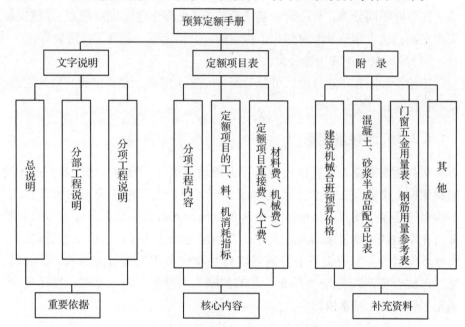

图4-5　预算定额手册组成示意图

①文字说明部分

a. 总说明。列在预算定额最前面，主要阐述预算定额的编制原则、指导思想、编制依据、适用范围，使用定额遵循的规则及作用，定额中已考虑的因素和未考虑的因素，使用方法和有关规定。

b. 分部工程说明。分部工程说明附在各分部定额项目表前面，它是定额手册的主要组成部分，主要阐述该分部工程所包括的主要项目，编制中有关问题的说明，定额应用时的具体规定和处理方法等。

c. 分项工程说明。分项工程说明列在定额项目表的表头上方，说明该分项工程主要工序内容及使用说明。

上述文字说明是预算定额正确使用的重要依据和原则，应用前须仔细阅读体会，不然就会造成错套、漏套及重套定额的错误。

②定额项目表　定额项目表包括分项工程名称、计量单位、定额编号、预算单价、分项工程人工费、材料费、机械费及人工、材料机械台班消耗量指标。定额项目表是预算定额手册的核心内容。有些定额项目表下面列有附注，说明设计与定额不符时，如何进行调整及对有关问题的说明。

③附录　附录编在定额手册的最后，其主要内容有建筑机械台班预算价格，混凝土、砂浆配合比表，材料名称规格，门窗五金用量表及钢筋用量参考表等。这些资料供定额换算之用，也可供编制施工计划时参考，是定额应用的重要补充资料。

(3)园林工程消耗量定额的应用

①消耗量定额的直接套用　当设计要求与消耗量定额项目的内容一致时，可直接套用定额的人工、材料、机械消耗量，并可以根据消耗量定额价目汇总表或当时当地人工、材料、机械的市场价格，计算该分项工程的直接费以及人工、材料、机械所需量。在套用时应注意以下几点：

a. 根据施工图纸，对分项工程施工方法、设计要求等了解清楚后进行消耗量定额项目的选择，分项工程的实际做法和工作内容必须与定额项目规定的完全相符才能直接套用，否则，必须根据有关规定进行换算或补充。

b. 分项工程名称和计量单位要与消耗量定额相一致。

②消耗量定额的换算　每一个消耗量定额的项目，都是针对完成一定的工作内容，使用某种建筑材料及某种建筑机械的情况下，所确定的完成一定计量单位的分项工程或结构构件所需消耗的人工、材料、机械数量。

当施工图设计要求与消耗量定额及价目表的工程内容、材料规格等条件不完全相符时，则不可以直接套用。应按照消耗量定额规定的换算方法对项目进行调整换算。换算的情况可分为砂浆的换算、混凝土的换算、木材材积换算、吊装机械换算、塔机综合利用换算、增减换算和其他换算。

a. 乘系数换算。系数换算是按消耗量定额说明中规定，用基价的一部分或全部乘以规定的系数得到一个新单价的换算。例如，某省建筑工程消耗量定额中规定，机械打桩、打孔，桩间净距离小于4倍桩径(桩边长)的，按相应定额项目中的人工、机械费乘以系数1.13。

b. 材料换算

● 砂浆的换算。此类换算的特点是换算时人工费、机械费不变，砂浆用量也不发生变化，只根据不同强度等级或不同配合比材料费的调整，将不同强度等级的砂浆及混凝土的配合比中各种材料的含量进行增减即可。

进行砂浆不同强度等级及不同配合比的基价换算时可采用以下公式：

换算后基价 = 原定额基价 + 定额消耗量 × [$\sum$ （换入等级材料含量 – 换出等级材料含量）× 材料价格]

- 混凝土的换算。当设计要求采用的混凝土强度等级、种类与消耗量定额相应子目有不符时，就应该进行混凝土强度等级、种类或石子粒径的换算。换算时混凝土用量不变，人工费、机械费不变，只换算混凝土强度等级、种类或石子粒径。换算公式为：

换算后基价 = 原定额基价 + 定额混凝土消耗量 × （换入混凝土单价 – 换出混凝土单价）

c. 增减换算。当设计内容与定额内容不同时，根据定额规定通过增减进行换算。如当设计运距与定额运距不同时，当设计厚度与定额厚度不同时，当设计截面与定额截面不同时，应进行增减换算。换算价格的计算公式为：

换算价格 = 定额基本价格 ± 与定额内容相差价格

d. 其他换算。其他换算是指上述几种情况之外按消耗量定额规定的方法进行的换算。

(4) 园林工程预算定额的使用步骤和基本要求

① 具体步骤
- 初步了解园林工程预算定额的主要组成成分。
- 根据已划分的工程项目，结合预算定额，选择匹配的预算项目。
- 分析各定额项目的工作内容与施工工艺的关系，明确预算定额的作用。
- 归纳总结出园林工程预算定额使用的基本要求。

② 基本要求

a. 严格按照预算定额编制预算。预算定额是编制工程预算的法定依据，因此在编制预算时，必须维护定额的严肃性，遵照规定和要求进行编制，不能任意修改、量算。

b. 掌握定额的查阅方法。现行的定额内容很广，必须了解定额的内容、结构形式，熟悉分部分项定额的编排程序和规律，掌握查阅方法。

c. 正确套用定额项目和计算工程量。首先，必须认真学习预算定额的总说明、分册说明以及分部工程说明和附录的规定，掌握定额的编制原则、适用范围、编制依据、分部工程的内容范围。其次，应深入学习定额项目表所包括的内容、计量单位、各定额项目所代表的结构或构造的具体做法以及允许调整换算的范围及方法。同时，还要正确理解和熟记各分项工程量的计算规则,只有在正确理解和熟记上述内容的基础上,才能正确运用预算定额,编制好工程预算。

4.3 园林工程工程量清单计价操作规程和步骤

4.3.1 操作规程

①工程量清单报价应按照招标文件规定,完成工程量清单所列项目的全部费用,分部分项工程费、措施项目费、其他项目费、规费和税金。

②工程量清单投标报价应根据招标文件的有关要求和工程量清单,结合施工现场实际情况、拟定的施工方案或施工组织设计、投标人自身情况,依据企业定额和市场价格信息,或参照各省颁布的计价依据以及建设工程工程量清单计价指引进行编制。

③工程量清单报价应统一使用综合单价计价方法。

综合单价计价方法是指项目单价采用的全费用单价(规费、税金按各省建设工程取费定额规定的程序另行计算)的一种计价方法。综合单价是指完成工程量清单中一个规定的计量单位项目所需的人工费、材料费、机械使用费、企业管理费、利润和风险费用之和。

④工程量清单报价格式应与招标文件一起发至投标人。

⑤以空白表格形式提供的"其他项目清单价表""零星工作项目价表"中的小计和合计栏均以"0"计价。

4.3.2 操作步骤

园林工程工程量清单计价编制是商务标的核心内容,其具体步骤如图4-6所示。

4.3.2.1 编制"分部分项工程量清单计价表"

①表中序号、项目编码、项目名称、计量单位和工程数量应按"分部分项工程量清单"中的相应内容填写。

②综合单价的组成详见后文"分部分项工程量清单综合单价分析表编制"的有关内容。

4.3.2.2 编制"措施项目清单计价表"

(1)表中的序号、项目名称应按"措施项目清单"中的相应内容填写。投

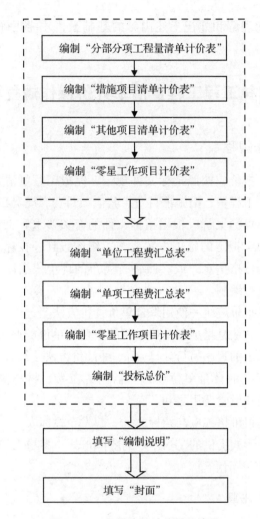

图 4-6　工程量清单计价操作步骤

标人可以根据自己编制的施工组织设计,增加措施项目,但不得删除不发生的措施项目。投标人增加的措施项目,应填写在相应的措施项目之后,并在"措施项目清单计价表"序号栏中以"增××"表示,"××"为增加的措施序号,自01起按顺序编制。

(2)措施项目费用根据技术措施和组织措施的不同分别按不同方式计取。

① 施工技术措施清单项目金额应按照分部分项工程量清单项目的综合单价计算方法确定。

② 施工组织措施清单项目金额可参照《××省建设工程施工取费定额》计算确定。

③ 措施清单项目计价时，对于不发生的措施项目，一律以"0"计价。

4.3.2.3 编制"其他项目清单计价表"

①招标人部分的金额应按招标人提出的数额填写。

②投标人部分的总承包服务费应根据招标人提出要求所发生的费用计算确定。

③零星工作项目费应按"零星工程项目计价表"的合计金额填写。

4.3.2.4 编制"零星工作项目计价表"

①表中的序号、名称、计量单位、数量应按"零星工作项目表"中的相应内容填写。

②零星工作的项目综合单价参照分部分项工程量清单项目综合单价计算方法。

③合价＝数量×综合单价。

4.3.2.5 编制"单位工程费汇总表"

表中的"分部分项工程""措施项目""其他项目"的金额应分别按"分部分项工程量清单计价表""措施项目计价表""其他项目清单计价表"的合计金额填入，规费和税金按《×× 省建设工程施工取费定额》规定程序计算所得到的规费、税金数量填入。

4.3.2.6 编制"单项工程费汇总表"

①表中单位工程名称应按"单位工程费汇总表"的工程名称填写。

②表中金额应按单位工程费汇总表的合计金额填写。

4.3.2.7 编制"工程项目总价表"

①表中工程名称按招标项目的名称填写。

②表中单项工程名称应按"单项工程费汇总表"的工程名称填写。

③表中金额应按"单项工程费汇总表"的合计金额填写。

4.3.2.8 编制"投标总价"

①按规定的内容填写、签字和盖章。

②表中的投标总价应该按工程项目总价表的合计金额，分别按小写、大写格式填写。

4.3.2.9 填写"编制说明"

编制说明应该包括下列内容：

①工程量清单报价文件包括的内容；
②工程量清单报价编制依据；
③工程质量等级、投标工期；
④优越于招标文件中技术标准的备选方案的说明；
⑤对招标文件中的某些问题有异议的说明；
⑥其他需要说明的问题。

4.3.2.10　填写"封面"

封面应按规定的内容填写、签字、盖章。

4.3.2.11　编制其他相关表

根据招标文件的要求，商务标组成的内容有的还需要增加一些相关表格。

4.3.2.12　编制"分部分项工程量清单综合单价分析表"

①序号、项目编码和项目名称、工作内容和综合单价组成　应与"分部分项工程量清单计价表"中的相应内容一致。

②综合单价　指完成一个规定清单项目所需的人工费、材料和工程设备费、施工机械使用费和企业管理费以及一定范围内的风险费用。即：

分部分项工程综合单价 = 人工费 + 材料费 + 施工机械使用费 + 管理费 + 利润 + 由投标人承担的风险费用

a. 人工费、材料和工程设备费。由投标人自行确定，即"工、料、机消耗量"和"单价"应根据企业定额和市场价格信息，或参照建设主管部门发布的计价办法等资料进行编制。

b. 管理费。

$$管理费 = 取费基数 \times 管理费率$$

其中，取费基数可按以下3种情况取定：人工费、材料费、机械费合计；人工费和机械费合计；人工费。

管理费率取定，投标单位应根据本企业管理水平，同时考虑竞争的需要来确定，若无此报价资料，可参考省级、行业建设主管部门发布的管理费浮动费率执行。

③利润　在工程量清单计价模式下，利润不单独体现，而是被分别计入各清单项目当中。其计算式可表示为：

$$利润 = 取费基数 \times 利润率$$

其中，取费基数可按以下3种情况取定：人工费、材料费、机械费合计；

人工费和机械费合计；人工费。

利润率取定，投标单位应根据拟建工程竞争激烈程度和其他投标单位的竞争实力来取定。

④风险因素增加费　风险是指发、承包双方在招投标活动和合同履约及施工过程中涉及工程计价方面的风险，按《计价规范》规定：采用工程量清单计价的工程，应在招标文件或合同中明确风险内容及其范围（幅度），并按风险共担的原则，对风险进行合理分摊，具体内容如下：

• 对于主要由市场价格波动导致的价格风险，如工程造价中的建筑材料、燃料等价格风险，发、承包双方应当在招标文件或合同中对此类风险进行合理分摊，明确约定风险的范围和幅度。根据工程特点和工期要求，承包人可承担5%以内的材料价格的风险，10%的施工机械使用费的风险。

• 对于法律、法规、规章或有关政策出台导致工程税金、规费、人工发生变化，并由省级、行业建设行政主管部门或其授权的工程造价管理机构根据上述变化发布的政策性调整，承包人不应承担此类风险，应按有关调整规定执行。

• 对于承包人根据自身技术水平、管理、经营状况能够自主控制的风险，如承包人的管理费、利润的风险，承包人应根据企业自身实际，结合市场情况合理确定、自主报价，该部分风险由承包人全部承担。

分部分项工程费计算按综合单价法计算，具体步骤如下：

a. 分析工程量清单中"项目名称"一栏内提供的施工过程，结合企业定额或各省、自治区、直辖市建设行政主管部门颁布的消耗量定额各子目的"工作内容"，确定与其相应的定额子目。

b. 根据计价定额规定的工程量计算规则，计算清单项目所组合的分项工程工程量。确定清单项目综合单价时，所依据的计价定额工程量计算规则不一定和《建设工程工程量清单计量规范》附录中相应项目所规定的规则一致，另有些清单项目综合了若干项分项工程，因而确定清单项目综合单价时，要依据计价定额工程量计算规则将各分部分项工程量一一计算出来。

c. 对每个清单项目所包括的分项工程进行计价，最终得到清单项目的综合单价。将每个清单项目所分解的分项工程工程量，套用计价定额，得到人工、材料、机械消耗量，然后根据市场人工单价、材料价格及机械台班单价，进行人工费、材料费及机械费的计算，然后再考虑企业管理费和利润，合计得出本清单项目的合价,最后除以清单工程量,即得出本分部分项清单项目的综合单价。

各清单项目的综合单价和相应清单工程量的乘积即为各分部分项工程费。

分部分项工程清单项目综合单价 = $\sum$(清单项目所含分项工程内容的单价 × 分项工程工程量) ÷ 相应清单项目工程量

分部分项工程费 = $\sum$(分部分项工程量清单项目的综合单价 × 相应清单项目工程量)

具体计价程序详见表4-1。

表4-1 清单项目综合单价计算程序

序号	费用项目	计算基础及计算公式	
		人工费+机械材+材料费	人工费
1	(人工费+机械材+材料费)/人工费	人工费+机械材+材料费	人工费
2	企业管理费	1×管理费率	1×管理费率
3	利润	1×利润率	1×利润率
4	综合单价	1+2+3	1+2+3

4.3.2.13 编制"措施项目费分析表"

①表中的序号、项目措施名称和金额应与"措施项目清单计价表"中的相应内容一致。

②管理费、利润和风险费用参照"分部分项工程量清单综合单价分析表"中的有关规定填写。

4.3.2.14 编制"主要材料价格表"

根据统一的消耗量标准及工程情况编制材料编码、名称、单位、规格、型号、数量等,遇缺码的特殊情况按规定的要求填写。

4.3.2.15 编制"分部分项工程量清单综合单价计算表"

①表中的工程名称、项目编码、项目名称、计量单位、综合单价应与"分部分项工程量清单计价表"及"分部分项工程量清单综合单价分析表"中的相应内容一致。

②表中的定额编号为清单项目可组合的各主要工程内容所对应的定额子目的定额编号。

③表中的工程内容是指清单项目所包含的可组合的各主要工程内容的名称。

④表中的数量为规定计量单位清单项目可组合的各主要工程内容的工程量,按照投标人企业定额或参照本省建设工程消耗量定额所规定的计算规则计算确定。

⑤表中人工费、材料费、机械使用费、管理费、利润、风险费用,是指完成规定计量单位清单项目所包含的某一项可组合的主要工程内容所需的各项费用。

⑥表中"小计"栏的合计数额,应与相应的综合单价数额一致。

4.3.2.16　编制"措施项目费计算表"

①"措施项目费计算表(一)"用以计算施工技术措施费,具体可参照"分部分项工程量清单综合计价计算表"进行编制。

②"措施项目费计算表(二)"用以计算施工组织措施费,可参考各省建设工程施工取费定额有关内容计算。

注意:规费、税金必须根据各省(自治区、直辖市)建设工程施工取费定额规定的标准和方法计算。

【案例4-1】 综合单价的计算

某地栽植1株胸径40cm、树高6~7m的乔木(大香樟),养护期1年,根据当地的计价要求计算栽植香樟的综合单价。

根据该清单的工作内容及相关规定,栽植香樟包含3个施工过程,即栽植带土球乔木、树木支撑、草绳绕树干。根据《××省仿古建筑与园林工程消耗量定额》可得各定额的人工、材料、机械台班消耗量和××省发布的基期价格,计算结果见表4-2。

(1)E13-74 栽植乔木(带土球)土球直径200cm以内,单位:10株。

人工:综合人工,消耗量(园林)48工日,基期价70元/工日,市场价76元/工日。

机械:提升质量为16t的汽车式起重机,消耗量2.34台班,基期价957.59元/台班,市场价914.74元/台班。

材料:水消耗量8.9m³,基期价4.38元/m³,市场价3.01元/m³;大香樟消耗量10.1株;市场价1500元/株。

表 4-2　清单项目直接费用预算表（一般计税法）

工程名称：绿化　　标段：

清单编码	050102001001	名称	栽植乔木大香樟	计量单位	株	数量	1.00	直接费用指标	1954.53		
消耗量标准编号	项目名称	单位	数量	基期价		市场价					
				单价	小计	单价	小计	其中			
								人工费	材料费	机械费	
E13-74	栽植乔木（带土球）：土球直径200cm以内	10株	0.10	20789.74	2078.97	19075.75	1907.58	364.80	1345.85	196.93	
E13-243	树木支撑：树棍桩，三脚桩	10株	0.10	143.75	14.38	132.72	13.27	4.56	8.71		
E13-229	草绳绕树干：胸径40cm内	m	2.00	16.90	33.80	16.84	33.68	22.80	10.88		
本页合计（元）							1954.53	392.16	1365.44	196.93	
累计（元）							1954.53	392.16	1365.44	196.93	

注：1. 清单直接费指标＝累计金额/数量。

2. 采用一般计税法时，材料、机械台班单价均执行除税单价；安装工程材料费中已包含主材费和设备费用。

3. 采用简易计税法时，材料、机械台班单价均执行含税单价；安装工程材料费中已包含主材费和设备费用。

4. 本表用于分部分项工程和能计量的措施项目清单与计价。

人工费：$76 \times 48 \times 1 \div 10 = 364.80$（元）。

材料费：水：$3.01 \div (1 + 16.93\%) \times 8.9 \div 10 = 2.29$（元）；

大香樟：$1500 \div (1 + 12.76\%) \times 10.1 \div 10 = 1343.56$（元）；

总计：$2.29 + 1343.56 = 1345.85$（元）

机械费：$914.74 \times 2.34 \times 1 \div 10 \times 92\% = 196.93$（元）。

注意：①当采用一般计税法时，机械费按湘建价[2014]113号文相关规定计算，并区别不同单位工程乘以系数：机械土石方、强夯、钢板桩和预制管桩的沉桩、结构吊装等大型机械施工的工程乘以0.92；其他工程乘以0.95。

②根据湘建价[2016]160号文件规定：混凝土、砂浆等配合比材料如为现场拌和，则按对应的材料分别除税；园林苗木综合税率按12.76%除税；其他未列明分类的材料及设备综合税率按16.93%除税。

该定额市场价直接费用＝人工费＋材料费＋机械费＝364.80＋1345.85＋196.93＝1907.58（元）

(2)E13-243 树木支撑，树棍桩，三脚桩，单位：10 株。

人工：综合人工(园林)，消耗量 0.6 工日，基期价 70 元/工日，市场价 76 元/工日。

材料：树棍(长 1.2m)，消耗量 30 根，基期价 3.2 元/根，市场价 3.2 元/根；镀锌铁丝 12#，消耗量 1kg，基期价 5.75 元/kg，市场价 5.75 元/kg。

人工费：$76 \times 0.6 \times 1 \div 10 = 4.56$(元)。

材料费：树棍：$3.2 \div (1 + 16.93\%) \times 30 \div 10 = 8.21$(元)；

镀锌铁丝：$5.75 \div (1 + 16.93\%) \times 1 \div 10 = 0.49$(元)；

总计：$8.21 + 0.49 = 8.71$(元)。

该定额市场价直接费用 = 人工费 + 材料费 + 机械费 = $4.56 + 8.71 + 0 = 13.27$(元)。

(3)E13-229 草绳绕树干，胸径 40cm 内，单位：m，每株绕 2m。

人工：综合人工(园林)，消耗量 0.15 工日，基期价 70 元/工日，市场价 76 元/工日。

材料：草绳，消耗量 8kg/m，基期价 8 元/kg，市场价 8 元/kg，每棵绕 2m。

人工费：$76 \times 0.15 \times 2 = 22.80$(元)。

材料费：$0.8 \div (1 + 12.76\%) \times 8 \times 2 = 0.68 \times 16 = 10.88$(元)。

该定额市场价直接费用 = 人工费 + 材料费 + 机械费 = $22.80 + 10.88 + 0 = 33.68$(元)。

栽植乔木大香樟直接费用 = $1907.58 + 13.27 + 33.68 = 1954.53$(元)。

综合单价包括直接费用、各项费用和利润、建安造价、销项税额和附加税费。各个费用的计算程序和取费见表4-3。其中管理费和利润取费基数是人工费。根据湖南省建设工程费用标准规定：计费基础中的人工费及机械费中的人工费均按 60 元/工日计算。

取费人工费 = $60 \times (4.8 + 0.06 + 0.15 \times 2) = 309.60$(元)

企业管理费 = 取费人工费 $\times 19.9\% = 61.61$(元)

利润 = 取费人工费 $\times 21.70\% = 67.18$(元)

规费包括工程排污费、职工教育经费和工会经费、住房公积金、安全生产责任险和社会保险费，计费基数和取费标准见表4-3。

工程排污费 = (直接费用 + 管理费 + 利润) $\times 0.40\% = 8.33$(元)

职工教育经费和工会经费 = 人工费 $\times 3.5\% = 13.73$(元)

表 4-3 湖南省园林景观绿化工程相关计费基数和费率标准

序号	项目名称	一般计税法		简易计税法	
		计费基础	费率标准(%)	计费基础	费率标准(%)
1	企业管理费	人工费	19.90	人工费	20.15
2	利润		21.70		21.70
3	安全文明施工费		10.63		10.63
4	规费				
4.1	工程排污费	建安造价(扣除规费)	0.4	税前造价(扣除规费)	0.4
4.2	职工教育经费	人工费总额	1.5	人工费总额	1.5
4.3	工会经费		2		2
4.4	住房公积金		6		6
4.5	劳保基金	建安造价(扣除规费)	3.5	税前造价(扣除规费)	3.5
4.6	安全生产责任险		0.2		0.2
5	销项税额	建安造价	11	税前造价	3
6	附加征收税费				
6.1	纳税地点在市区的企业	建安造价+销项税额	0.36	应纳税额	12
6.2	纳税地点在县城镇的企业		0.3		10
6.3	纳税地点不在市区县城镇的企业		0.18		6

注:计费基础中的人工费及机械费中的人工费均按60元/工日计算。

住房公积金 = 人工费 ×6% = 23.53(元)
安全生产责任险 = (直接费用 + 管理费 + 利润) ×0.2% = 4.17(元)
社会保险费 = (直接费用 + 管理费 + 利润) ×3.18% = 66.25(元)
规费 = 8.33 + 13.73 + 23.53 + 4.17 + 66.25 = 116.00(元)
各项费用和利润 = 企业管理费 + 利润 + 规费 = 244.80(元)
建安造价 = 直接费用 + 各项费用和利润 = 1954.53 + 244.80 = 2199.30(元)
销项税额 = 建安造价 ×11% = 241.92(元)
附加税费 = (建安造价 + 销项税额) ×0.36% = 8.79(元)
合计 = 建安造价 + 销项税额 + 附加税费 = 2450.01(元)
综合单价 = 合计 ÷ 清单工程量 = 2450.01 ÷ 1 = 2450.01(元)

根据湖南省建设工程费用标准,园林景观绿化工程相关计费基数和费率标准以及清单项目费用计算表见表4-3、表4-4。

附加征收税费包括城市维护建设税、教育费附加和地方教育附加。

表4-4 清单项目费用计算表(综合单价表)(投标报价)
(一般计税法)

工程名称：绿化 标段：　第2页 共18页
清单编号：050102001001 单位：株
清单名称：栽植乔木大香樟 数量：1.00　综合单价：2450.01元

序号	工程内容	计费基础说明	费率(%)	金额(元)	备注
1	直接费用	1.1+1.2+1.3		1954.53	
1.1	人工费			392.16	
1.1.1	其中：取费人工费			309.60	
1.2	材料费			1365.44	
1.3	机械费			196.93	
1.3.1	其中：取费机械费				
2	各项费用和利润	2.1+2.2+2.3		244.80	
2.1	管理费	1.1.1或1.1.1+1.3.1	19.90	61.61	
2.2	利润	1.1.1或1.1.1+1.3.1	21.70	67.18	
2.3	规费	2.3.1+2.3.2+2.3.3+2.3.4+2.3.5		116.00	
2.3.1	工程排污费	1+2.1+2.2	0.40	8.33	
2.3.2	职工教育经费和工会经费	1.1	3.50	13.73	
2.3.3	住房公积金	1.1	6.00	23.53	
2.3.4	安全生产责任险	1+2.1+2.2	0.20	4.17	
2.3.5	社会保险费	1+2.1+2.2	3.18	66.25	
3	建安造价	1+2		2199.30	
4	销项税额	3项×税率	11.00	241.92	
5	附加税费	(3+4)项×费率	0.36	8.79	
合计	3+4+5			2450.01	

例如，纳税点在市区的企业：(建安造价+销项税额)×3%×(7%+3%+2%)=(建安造价+销项税额)×0.36%。

4.4 园林绿化工程清单计价编制

绿化工程包含9个部分：绿化地整理、人工换土方、苗木栽植、苗木移植、临时性假植、草绳绕树干、苗木支撑、树干刷白、反季节栽植技术措施。

具体消耗量定额子目如下：

①绿化地整理　整理绿化地、铲除杂草、砍伐灌木、砍伐乔木、微地形土方堆置；

②人工换土方　带土球乔灌木丛生竹、裸根乔木、裸根灌木、绿篱（单排）、绿篱（双排）、原土过筛；

③苗木栽植　栽植带土球乔木（一、二类土）、栽植裸根乔木（一、二类土）、栽植带土球灌木（一、二类土）、栽植裸根灌木（一、二类土）、栽植散生竹（一、二类土）、栽植丛生竹、栽植绿篱、栽植攀缘植物列植、灌木（花、草）成片栽植、攀缘植物成片栽植、草坪铺种散铺、草皮铺种满铺、草皮铺种植生带、人工籽播、机械喷播、栽植水生植物；

④苗木移植　移植带土球乔木（一、二类土）、移植裸根乔木（一、二类土）、移植成片灌木、移植带土球灌木（一、二类土）、移植裸根灌木（一、二类土）、移植散生竹类（一、二类土）、移植丛生竹类（一、二类土）、移植草皮；

⑤临时性假植　假植乔木（裸根）、假植灌木（裸根）；

⑥草绳绕树干　草绳绕树干；

⑦苗木支撑　树棍桩、毛竹桩、预制混凝土；

⑧树干刷白　防寒涂白；

⑨反季节栽植技术措施　乔木遮阳棚，灌木遮阳棚，成片花卉灌木及攀缘植物、散生竹类夏季反季节栽植技术措施，乔灌木防寒防冻，冬季防寒（风）障安、拆木结构，冬季防寒（风）障安、拆钢结构。

4.4.1 消耗量标准说明

（1）本单元栽植定额包括绿化种植前的准备、种植时用工用料和机械使用费，绿化地周围2m内的清理工作（不包括清除建筑垃圾及其他障碍物）以及完工验收（合格）前的养护（即施工期养护）。完工验收（合格）后的养护费按施工措施费计取。

(2)本单元中绿化地整理说明:

①绿化地整理是指平均厚度在 30cm 以内的就地挖填找平。厚度超过 30cm 的按微地形处理;厚度超过 1.4m 的按回填土子目计算;计算微地形处理的项目,不再计算整理绿化地。

②砍伐树定额,如树冠内有障碍物(电杆、电线等),人工乘以系数 1.5。

(3)定额不包括苗木的检疫、土壤检测、肥料检测等内容。若有发生,按合同约定;未有约定的,按实计取。

(4)栽植和移栽定额中均未包括肥料、生根粉剂、根动力、核能素、抗蒸腾剂、苗木再生素等材料费用,按实际发生签证计算,人工不做调整。

(5)栽植指外购苗木现场种植,移栽指场内已有苗木的移位栽植。栽植和移栽均以普通土计算,如为坚土,人工系数乘以 1.25;攀缘植物、草皮、成片栽植花卉灌木植物不分土壤类别。草皮播种草种材料用量可根据不同品种按设计用量调整。

(6)嵌草砖种植草执行草皮散铺子目,人工乘以系数 1.1,草皮乘以系数 0.8。

(7)苗木、花卉的主材数量,应按设计或实际用量计算,其运输、栽植等操作损耗率如下:

①带土球种植的乔木、竹类、灌木类为 1.0%;不带土球种植的乔木、竹类、灌木类为 1.5%。

②攀缘植物、水生植物为 1.5%。

③草籽、草皮、草块为 8%。

④夏季反季节种植上述植物损耗率再增加 50%。

(8)夏季反季节是指每年农历夏至开始到处暑期间,冬季反季节是指每年农历冬至开始到立春期间。夏季反季节栽植,其施工用水量乘以系数 2.2。

(9)移栽乔木(裸根)是以截干计算的。如需保留 1/2 树尾,人工乘以系数 1.2;全形态保留者,按实际发生计算。

(10)移栽珍贵树木和超大规格的特大树木,所需增加的措施费用另行计算。

(11)苗木栽植用水按自来水考虑,如为甲方供水,标准的水量中扣除。施工现场内无水源时,按栽植相应子目中的水量另加洒水车台班费。

(12)绿化工程均包括 150m 场内材料搬运;超过运距时,另行计算。

(13)苗木规格说明:

①苗木高度　苗木由地面至最高生长点的垂直距离。
②地径　苗木地面处的直径。
③胸径　苗木分枝距地面高度≥1.3m时，以苗木自地面1.3m处树干的直径为准；分枝<1.3m时，以苗木分枝点直径为准。
④土球直径　起挖苗木时根部所带的泥球的直径。
⑤苗木冠径　苗木平均冠径。

4.4.2　工程量计算规则

①栽植和移植乔、灌木以株计算。灌木栽植，当株距大于40cm时，按株计算，当株距小于40cm时，按花卉灌木成片栽植面积以平方米计算。
②散生竹按不同胸径规格以株计算，丛生竹按盘径规格以丛计算。
③种植花卉、挖铺草皮以平方米计算，绿篱不论单、双排均以延长米计算。如设计无规定，每排栽4.5株/m。
④水生植物按不同品种以株计算；攀缘植物行列栽植按年生期以株计算，成片栽植按面积以平方米计算。
⑤砍伐乔木以株计算，灌木以丛计算，清除草坪、整理绿化地以平方米计算。
⑥反季节施工中所栽植苗木，除计算栽植或移植的子目外，应另以苗木高度和苗木冠径按株计取反季节施工技术措施费用。
⑦嵌草栽植面积按实际嵌草铺装总面积计算。

【案例4-2】　园林绿化工程量清单计价编制

根据【案例3-1】绿化工程分部分项工程量清单及其施工图等相关资料，确定绿化工程清单项目的价格。

(1)确定清单项目综合的分项工程

根据表3-3中项目特征描述，同时结合《计量规范》中相应项目所完成的工作内容确定。

(2)计算定额工程量

计算定额工程量，即按照消耗量定额工程量计算规则计算的清单项目综合的分项工程工程量。

①整理绿化用地　工程量的计算规则：按照整理绿地的实际面积计算。
$$133 + 133 + 70 + 12 + 19 + 360 = 727(m^2)$$
②栽植乔木　分项工程包括栽植乔木、树木支撑和草绳绕树干。

栽植乔木：以10株为单位进行定额工程量计算，分别按照不同的土球大小选取定额子目。大香樟：$1 \div 10 = 0.1$（10株）；桂花：$6 \div 10 = 0.6$（10株）；香樟：$18 \div 10 = 1.8$（10株）；银杏：$6 \div 10 = 0.6$（10株）。

树木支撑：以10株为单位进行定额工程量计算，按照支撑材料和支撑方式选取定额子目。大香樟：$1 \div 10 = 0.1$（10株）；桂花：$6 \div 10 = 0.6$（10株）；香樟：$18 \div 10 = 1.8$（10株）；银杏：$6 \div 10 = 0.6$（10株）。

草绳绕树干：根据草绳绕树干的高度以米为单位进行定额工程量计算，按照乔木胸径大小选取定额子目。大香樟：$1 \times 2 = 2$（m）；桂花：$6 \times 2 = 12$（m）；香樟：$18 \times 2 = 36$（m）；银杏：$6 \times 2 = 12$（m）。

③栽植灌木　分项工程根据图纸及项目特征描述是栽植带土球灌木。

栽植灌木以10株为单位进行定额工程量计算，分别按照不同的土球大小选取定额子目。

日本晚樱：$4 \div 10 = 0.4$（10株）；红枫：$3 \div 10 = 0.3$（10株）；红花檵木球：$16 \div 10 = 1.6$（10株）；茶花球：$9 \div 10 = 0.9$（10株）。

④栽植竹类　分项工程根据图纸是栽植散生竹类。

栽植散生竹类以10株为单位进行定额工程量计算，分别按照竹子胸径大小选取定额子目。金镶玉竹：$54 \div 10 = 5.4$（10株）。

⑤栽植棕榈　在消耗量定额库中没有栽植棕榈子目，根据图纸、项目特征描述及施工工序可以参照栽植乔木的施工内容及套用相应定额。其分项工程包括栽植乔木、树木支撑和草绳绕树干。

栽植乔木：以10株为单位进行定额工程量计算，分别按照不同的土球大小选取定额子目。定额工程量为0.6（10株）。

树木支撑：以10株为单位进行定额工程量计算，按照支撑材料和支撑方式选取定额子目。定额工程量为0.6（10株）。

草绳绕树干：根据草绳绕树干的高度以m为单位进行定额工程量计算，按照胸径大小选取定额子目。

⑥栽植攀缘植物　分项工程根据图纸及项目特征描述是栽植攀缘植物，以100株为单位进行定额工程量计算，分别按照地径大小选取定额子目。

栽植紫藤：$4 \div 100 = 0.04$（100株）。

⑦栽植色带　分项工程根据图纸及项目特征描述是成片栽植绿篱。以$10m^2$为单位进行定额工程量计算，分别按照每平方米栽植的株数选取定额子目。

四季桂：$133 \div 10 = 13.3(10m^2)$；春鹃 $133 \div 10 = (10m^2)$；红花檵木：$133 \div 10 = 13.3(10m^2)$。

⑧栽植花卉　分项工程根据图纸及项目特征描述是成片栽植花卉。以 $10m^2$ 为单位进行定额工程量计算，分别按照每平方米栽植的株数选取定额子目。

千日红：$12 \div 10 = 1.2(10m^2)$；孔雀草：$19 \div 10 = 1.9(10m^2)$。

⑨铺种草皮　分项工程根据图纸及项目特征描述是满铺草皮。以 $10m^2$ 为单位进行定额工程量计算。

台湾青：$360 \div 10 = 36(10m^2)$。

(3) 绿化工程清单项目计价表(表 4-5)

表 4-5　单位工程工程量清单与造价表(投标报价)

(一般计税法)

工程名称：绿化工程

序号	项目编码	项目名称	项目特征描述	计量单位	工程量	综合单价	合价	建安费用	销项税额	附加税费
1	050101010001	整理绿化用地		m^2	727.00	6.24	4535.03	4070.91	447.83	16.28
	E13-1	整理绿化地		$10m^2$	72.70	62.38	4535.03	4070.91	447.83	16.28
2	050102001001	栽植乔木：大香樟	1. 种类：大香樟； 2. 胸径或干径：$D=40cm$； 3. 株高、冠径：$H=6\sim7m$； 4. 养护期：1年	株	1.00	2450.01	2450.01	2199.30	241.92	8.79
	E13-74	栽植乔木(带土球)：土球直径200cm以内		10株	0.10	23824.75	2382.48	2138.67	235.25	8.55
	E13-243	树木支撑：树棍桩,三脚桩		10株	0.10	175.59	17.56	15.76	1.73	0.06
	E13-229	草绳绕树干：胸径40cm内		m	2.00	24.99	49.98	44.87	4.93	0.18

金额(元) — 其中

(续)

序号	项目编码	项目名称	项目特征描述	计量单位	工程量	金额(元)				
						综合单价	合价	其中		
								建安费用	销项税额	附加税费
3	050102001002	栽植乔木：桂花	1. 种类：桂花； 2. 胸径或干径：$D=15\mathrm{cm}$； 3. 株高、冠径：$H=3\sim4\mathrm{m}$； 4. 养护期：1年	株	6.00	5971.11	35826.65	32160.49	3537.65	128.52
	E13-70	栽植乔木(带土球)：土球直径120cm以内		10株	0.60	59363.50	35618.10	31973.27	3517.06	127.77
	E13-243	树木支撑：树棍桩，三脚桩		10株	0.60	175.59	105.35	94.57	10.40	0.38
	E13-224	草绳绕树干：胸径15cm内		m	12.00	8.60	103.20	92.64	10.19	0.37
4	050102001003	栽植乔木：香樟	1. 种类：香樟； 2. 胸径或干径：$D=10\sim12\mathrm{cm}$； 3. 株高、冠径：$H=4\sim5\mathrm{m}$； 4. 养护期：1年	株	18.00	1236.47	22256.51	19978.99	2197.68	79.84
	E13-69	栽植乔木(带土球)：土球直径100cm以内		10株	1.80	12017.14	21630.85	19417.35	2135.91	77.59
	E13-243	树木支撑：树棍桩，三脚桩		10株	1.80	175.59	316.06	283.72	31.21	1.13
	E13-224	草绳绕树干：胸径15cm内		m	36.00	8.60	309.60	277.92	30.56	1.12
5	050102001004	栽植乔木：银杏	1. 种类：银杏； 2. 胸径或干径：$D=12\sim15\mathrm{cm}$； 3. 株高、冠径：$H=6\sim7\mathrm{m}$； 4. 养护期：1年	株	6.00	4935.58	29613.47	26583.10	2924.14	106.23

（续）

序号	项目编码	项目名称	项目特征描述	计量单位	工程量	金额(元)		其中		
						综合单价	合价	建安费用	销项税额	附加税费
	E13-70	栽植乔木(带土球):土球直径120cm以内		10株	0.60	49 008.19	29 404.91	26 395.89	2903.55	105.48
	E13-243	树木支撑:树棍桩,三脚桩		10株	0.60	175.59	105.35	94.57	10.40	0.38
	E13-224	草绳绕树干:胸径15cm内		m	12.00	8.60	103.20	92.64	10.19	0.37
6	050102002001	栽植灌木:日本晚樱	1. 种类:日本晚樱; 2. 胸径或干径:$D=7\sim8cm$; 3. 养护期:1年	株	4.00	1033.63	4134.53	3711.44	408.26	14.83
	E13-91	栽植灌木(带土球):土球直径70cm以内		10株	0.40	10 029.54	4011.82	3601.28	396.14	14.39
	E13-243	树木支撑:树棍桩,三脚桩		10株	0.40	175.59	70.24	63.05	6.94	0.25
	E13-223	草绳绕树干:胸径10cm内		m	8.00	6.56	52.48	47.10	5.18	0.19
7	050102002002	栽植灌木:红枫	1. 种类:红枫; 2. 胸径或干径:$D=5\sim6cm$; 3. 养护期:1年	株	3.00	1197.31	3591.92	3224.35	354.68	12.89
	E13-89	栽植灌木(带土球):土球直径50cm以内		10株	0.30	11 666.28	3499.88	3141.74	345.59	12.55
	E13-243	树木支撑:树棍桩,三脚桩		10株	0.30	175.59	52.68	47.29	5.20	0.19
	E13-223	草绳绕树干:胸径10cm内		m	6.00	6.56	39.36	35.33	3.89	0.14

（续）

序号	项目编码	项目名称	项目特征描述	计量单位	工程量	金额(元)				
						综合单价	合价	其中		
								建安费用	销项税额	附加税费
8	050102004001	栽植棕榈类	1. 种类：棕榈； 2. 胸径或干径：$D=8\sim10$cm； 3. 株高、冠径：$H=4\sim5$m； 4. 养护期：1 年	株	6.00	133.30	799.82	717.97	78.98	2.87
	E13-68	栽植乔木(带土球)：土球直径 80cm 以内		10 株	0.60	1026.25	615.75	552.74	60.80	2.21
	E13-243	树木支撑：树棍桩，三脚桩		10 株	0.60	175.59	105.35	94.57	10.40	0.38
	E13-223	草绳绕树干：胸径 10cm 内		m	12.00	6.56	78.72	70.66	7.78	0.29
9	050102003001	栽植竹类	1. 种类：金镶玉竹； 2. 胸径或干径：$D=2\sim3$cm； 3. 株高、冠径：$H=3\sim4$m； 4. 养护期：1 年	株	54.00	109.65	5921.10	5315.19	584.67	21.24
	E13-104	栽植竹类散生竹：胸径 4cm 以内		10 株	5.40	1096.50	5921.10	5315.19	584.67	21.24
10	050102002003	栽植灌木：红花檵木球	1. 种类：红花檵木球； 2. 蓬径：$P=100$cm； 3. 养护期：1 年	株	16.00	216.04	3456.69	3102.96	341.33	12.40
	E13-87	栽植灌木(带土球)：土球直径 30cm 以内		10 株	1.60	2160.43	3456.69	3102.96	341.33	12.40
11	050102002004	栽植灌木：茶花球	1. 种类：茶花球； 2. 蓬径：$P=100$cm； 3. 养护期：1 年	株	9.00	216.04	1944.39	1745.42	192.00	6.98

(续)

序号	项目编码	项目名称	项目特征描述	计量单位	工程量	金额(元)				
						综合单价	合价	其中		
								建安费用	销项税额	附加税费
	E13-87	栽植灌木(带土球):土球直径30cm以内		10株	0.90	2160.43	1944.39	1745.42	192.00	6.98
12	050102006001	栽植攀缘植物	1. 种类:紫藤; 2. 根盘直径:$D=2cm$; 3. 养护期:1年	株	4.00	3.11	12.44	11.16	1.23	0.04
	E13-130	攀缘植物列植:地径在2cm以内		100株	0.04	310.88	12.44	11.16	1.23	0.04
13	050102007001	栽植色带四季桂	1. 苗木、花卉种类:四季桂; 2. 株高或蓬径:$H=35cm$; 3. 单位面积株数:49株; 4. 养护期:1年	m²	133.00	80.93	10764.22	9662.72	1062.90	38.61
	E13-137	灌木(花、草)成片栽植:每平方米株数50以内		10m²	13.30	809.34	10764.22	9662.72	1062.90	38.61
14	050102007002	栽植色带春鹃	1. 苗木、花卉种类:春鹃; 2. 株高或蓬径:$H=30cm$; 3. 单位面积株数:49株; 4. 养护期:1年	m²	133.00	90.57	12045.15	10812.55	1189.38	43.21
	E13-137	灌木(花、草)成片栽植:每平方米株数50以内		10m²	13.30	905.65	12045.15	10812.55	1189.38	43.21

（续）

序号	项目编码	项目名称	项目特征描述	计量单位	工程量	金额(元)				
						综合单价	合价	其中		
								建安费用	销项税额	附加税费
15	050102007003	栽植色带红花檵木	1. 苗木、花卉种类：红花檵木； 2. 株高或蓬径：$H=30cm$； 3. 单位面积株数：49株； 4. 养护期：1年	m²	70.00	70.74	4951.66	4444.96	488.94	17.76
	E13-137	灌木(花、草)成片栽植：每平方米株数50以内		10m²	7.00	707.38	4951.66	4444.96	488.94	17.76
16	050102008001	栽植花卉	1. 苗木、花卉种类：千日红； 2. 株高或蓬径：$H=20cm$； 3. 单位面积株数：64株； 4. 养护期：1年	m²	12.00	99.24	1190.86	1068.99	117.59	4.27
	E13-138	灌木(花、草)成片栽植：每平方米株数60以内		10m²	1.20	992.38	1190.86	1068.99	117.59	4.27
17	050102008002	栽植花卉	1. 苗木、花卉种类：孔雀草； 2. 株高或蓬径：$H=20cm$； 3. 单位面积株数：64株； 4. 养护期：1年	m²	19.00	99.24	1885.52	1692.58	186.18	6.76
	E13-138	灌木(花、草)成片栽植：每平方米株数60以内		10m²	1.90	992.38	1885.52	1692.58	186.18	6.76
18	050102012001	铺种草皮台湾青	1. 草皮种类：台湾青； 2. 铺种方式：满铺； 3. 养护期：1年	m²	360.00	20.60	7417.08	6658.06	732.42	26.60

(续)

序号	项目编码	项目名称	项目特征描述	计量单位	工程量	金额(元)				
						综合单价	合价	其中		
								建安费用	销项税额	附加税费
	E13-148换	铺种草皮：台湾青		10m²	36.00	206.03	7417.08	6658.06	732.42	26.60
累 计							152 797.05	137 161.14	15 087.78	548.14

【案例4-3】 园林喷灌工程量清单计价编制

根据【案例3-2】喷灌工程分部分项工程量清单及其施工图等相关资料，确定喷灌工程清单项目的价格。

(1)确定清单项目综合的分项工程

根据表3-5中项目特征的描述，同时结合《计量规范》中相应项目所完成的工作内容确定。

(2)计算定额工程量

计算定额工程量，即按照消耗量定额工程量计算规则计算的清单项目所综合的分项工程工程量。

①挖沟槽土方 以按实际施工工程量计算，应套用土方工程中人工挖沟槽土方子目。

挖沟槽土方工程量 = (25 + 30 + 30 + 41)[长] × 0.4[宽] × 0.6[高]/100 = 0.3024(m³)

②垫层工程量 按实际工程量以体积计算。

垫层工程量 = (25 + 30 + 30 + 41)[长] × 0.4[宽] × 0.1[高]/10 = 1.008(m³)

③喷灌管线安装 包括管道铺设、管道固筑、水压试验、刷防护材料、油漆工作内容。根据图纸及工程实际情况套用子目。PPR塑料管安装施工包括室外管道PPR塑料给水管安装(热熔连接)和管道压力试验2个子目。镀锌钢管管道安装包含室外管道镀锌钢管安装(螺纹连接)。

管道安装均按施工图中心线的长度计算(支管长度从主管中心开始计算到支管末端交接处的中心)，管件、阀门所占长度已在管道施工损耗中综合考虑，计算工程量时均不扣除其所占长度。管道安装均不包括管件(指三通、弯头、异径管)、阀门的安装。根据不同的管径，其管道安装的定额工程量分别是：PPR管直径25mm——54÷10 = 5.4(10m)；PPR管直径32mm——30÷10 = 3(10m)；PPR管直径40mm——30÷10 = 3(10m)；PPR管直径50mm——25÷

10 = 2.5(10m)；镀锌钢管 40mm——21÷10 = 2.1(10m)。

管道压力试验的定额工程量分别是：PPR 管直径 25mm——54÷100 = 0.54(100m)；PPR 管直径 32mm——30÷100 = 0.3(100m)；PPR 管直径 40mm——30÷100 = 0.3(100m)；PPR 管直径 50mm——25÷100 = 0.25(100m)；镀锌钢管 40mm——21÷100 = 0.21(100m)。

④喷灌配件安装　包括管道附件、阀门、喷头安装、水压试验、刷防护材料、油漆工作内容。根据图纸及工程工程实际情况套用子目。

管件、分水栓、马鞍卡子、二合三通、水表的安装按施工图数量以个或组为单位计算。

管件安装的定额工程量分别是：喷头——25÷10 = 2.5(10 个)；手动取水器——1÷10 = 0.1(10 个)；水表——1 个；止回阀——1 个；截止阀——2 个；自动泄水阀——2 个。

⑤管道回填土工程量　管沟土方工程量在 300m³ 以内的，执行人工挖槽坑土子目。沟槽、基坑回填体积以挖方体积减去设计室外地坪以下埋设构件(包括基础垫层、基础等)体积计算。

回填土的定额工程量：19.29÷100 = 0.1929(100m³)

(3)喷灌工程清单项目计价表(表 4-6)

表 4-6　单位工程工程量清单与造价表(投标报价)
(一般计税法)

工程名称：喷灌工程

序号	项目编码	项目名称	项目特征描述	计量单位	工程量	金额(元)				
						综合单价	合价	其中		
								建安费用	销项税额	附加税费
1	010101003001	挖沟槽土方	1. 土壤类别：普通土； 2. 挖土深度：2m 内	m³	30.24	32.56	984.71	883.94	97.23	3.53
	A1-4	人工挖槽、坑：深度 2m 以内，普通土		100m³	0.30	3256.33	984.71	883.95	97.23	3.53
2	010501001001	垫层	种类：砂石垫层	m³	10.08	198.12	1997.07	1792.71	197.20	7.16
	A2-3	垫层：砂		10m³	1.01	1981.22	1997.07	1792.71	197.20	7.16

(续)

序号	项目编码	项目名称	项目特征描述	计量单位	工程量	金额(元)				
						综合单价	合价	其中		
								建安费用	销项税额	附加税费
3	031001006001	塑料管直径25mm	1. 材质、规格：直径25mm PPR； 2. 热熔连接 3. 水压试验	m	54.00	25.93	1400.33	1257.03	138.28	5.02
	C8-39	室外管道安装,PPR 塑料给水管安装(热熔连接)，公称外径25mm		10m	5.40	204.68	1105.27	992.17	109.14	3.96
	C8-689	管道压力试验,公称直径50mm以内		100m	0.54	546.42	295.07	264.87	29.14	1.06
4	050103001002	喷灌管线安装,PPR32mm	1. 材质、规格：直径32mm PPR； 2. 热熔连接 3. 水压试验	m	30.00	38.92	1167.69	1048.20	115.30	4.19
	C8-40	室外管道安装：PPR 塑料给水管安装(热熔连接)，公称外径32mm		10m	3.00	334.59	1003.77	901.05	99.12	3.60
	C8-689	管道压力试验,公称直径50mm以内		100m	0.30	546.42	163.93	147.15	16.19	0.59
5	031001006003	塑料管,直径40mm	1. 材质、规格：直径40mm PPR； 2. 热熔连接； 3. 水压试验	m	30.00	53.77	1612.95	1447.89	159.27	5.79
	C8-41	室外管道安装,PPR 塑料给水管安装(热熔连接)，公称外径40mm		10m	3.00	483.01	1449.03	1300.75	143.09	5.20
	C8-689	管道压力试验,公称直径50mm以内		100m	0.30	546.42	163.93	147.15	16.19	0.59

(续)

序号	项目编码	项目名称	项目特征描述	计量单位	工程量	金额(元)				
						综合单价	合价	其中		
								建安费用	销项税额	附加税费
6	031001006004	塑料管,直径50mm	1. 材质、规格:直径50mm PPR; 2. 热熔连接; 3. 水压试验	m	25.40	95.31	2420.85	2173.12	239.04	8.68
	C8-42	室外管道安装,PPR塑料给水管安装(热熔连接),公称外径50mm		10m	2.54	898.45	2282.06	2048.54	225.34	8.19
	C8-689	管道压力试验,公称直径50mm以内		100m	0.25	546.42	138.79	124.59	13.70	0.50
7	031001001001	镀锌钢管,套管	材质、规格:直径40mm镀锌钢管	m	21.00	61.86	1299.14	1166.20	128.28	4.66
	C8-5	室外管道安装,镀锌钢管安装(螺纹连接),公称直径40mm		10m	2.10	618.64	1299.14	1166.20	128.28	4.66
8	031003001001	喷头	材质:雨鸟5004;喷头	个	25.00	74.62	1865.60	1674.69	184.22	6.69
	C7-191	喷头安装,公称直径25mm以内		10个	2.50	746.24	1865.60	1674.69	184.22	6.69
9	031003001002	手动取水器	材质:雨鸟P-33,手动取水器	个	1.00	74.62	74.62	66.99	7.37	0.27
	C7-191	喷头安装,公称直径25mm以内		10个	0.10	746.24	74.62	66.99	7.37	0.27
10	031003013001	水表	型号、规格:旋翼式;口径DN50mm	个	1.00	761.45	761.45	683.53	75.19	2.73
	C8-945	螺纹水表,公称直径50mm以内		组	1.00	761.45	761.45	683.53	75.19	2.73
11	031003002001	止回阀	类型:升降式H11T-16K,止回阀	个	1.00	1053.81	1053.81	945.97	104.06	3.78

(续)

序号	项目编码	项目名称	项目特征描述	计量单位	工程量	金额(元)				
						综合单价	合价	其中		
								建安费用	销项税额	附加税费
	C8-950		焊接法兰水表(无旁通管带止回阀)(05SS907-4-27),公称直径50mm以内	组	1.00	1053.81	1053.81	945.97	104.06	3.78
12	031003002002	截止阀	类型:螺纹J11T-16,截止阀	个	2.00	256.34	512.68	460.22	50.62	1.84
	C6-1325		低压阀门,螺纹阀门,公称直径50mm以内	个	2.00	256.34	512.68	460.22	50.62	1.84
13	031003002003	自动泄水阀	类型:雨鸟16A-FDV,自动泄水阀	个	2.00	213.31	426.62	382.96	42.13	1.53
	C6-1322		低压阀门,螺纹阀门,公称直径25mm以内	个	2.00	213.31	426.62	382.96	42.13	1.53
14	010103001001	回填方	1.密实度要求:0.93下;2.填方材料品种:普通土	m³	19.29	9.48	301.59	164.15	18.06	0.65
	A1-10		回填土,松填	100m³	0.193	947.52	301.60	165.15	19.06	1.65
			累 计				15 760.39	14 147.61	1556.25	56.53

4.5 园路、园桥工程清单计价编制

4.5.1 园路小品工程

园路小品工程包含3个部分:堆砌假山及塑假石山工程,园路、园桥工程,园林小品工程。

①堆砌假山及塑假石山工程 湖石假山、黄石假山、整块湖石峰、石笋安装、土山点石、布置景石、挡墙式假山、附壁式假山、片状青石假山、吸水石假山、斧劈石假山;仿黄石假山、仿湖石假山、仿页岩假山、仿黄石附

壁假山、仿湖石附壁假山、仿页岩附壁假山、塑砖骨架假山、塑钢骨架钢网假山、塑钢网假山钢骨架制安。

②园路、园桥工程 园路土基整理路床、基础垫层砂、满铺软卵石面拼花、素色卵石面彩边(素色)、现浇纹形混凝土路面、现浇水刷纹形混凝土路面、现浇水刷纹形混凝土路面、洗石子路面、预制方格混凝土面层、预制异形混凝土面层、预制混凝土草坪砖、冰片石面层、机砖平铺面层、建菱砖(互锁路面砖、透水砖路面)、汀步板面层、机砖侧铺、瓦片、小方石、路牙、树穴、青片石路面、碎大理石路面、片石踏步;桥台、料石桥墩、护坡、石桥面、砖拱圈、毛石拱圈、料石拱圈、混凝土拱圈、拱盔及支架(空间体积);喷水池(溪流底板)、喷水池池壁、自然式溪流驳岸、池底铺卵石。

③园林小品工程 塑松(杉)树皮、塑竹节竹片、壁画面、预制塑松根、塑松皮柱、塑黄竹、塑金丝竹;塑粗皮(松、樟)树兜桌凳、塑光皮(梧桐、青皮)树兜桌凳;仿光面散景石混凝土骨架、塑水泥藤条、塑鳗鱼、塑仙鹤、塑龙;阴阳线雕、平浮雕、浅浮雕、高浮雕;白色水磨石景窗框、白色水磨石平凳面、塑木凳面、塑木地板面(栈道、平台)、塑木地板面嵌边、白色水磨石飞来椅、砖砌园林小摆设、砖砌园林小摆设抹灰面、预制混凝土花色栏杆、金属花色栏杆钢管钢筋、扁铁混合结构、琉璃花窗、琉璃竹片、瓦片漏窗、方(圆)形石桌(石凳)、长条形石凳、水磨石桌(石凳);杉树皮层面、杉树皮贴墙面、爪角、宝顶、木条凳面、木台面(木栈道石)。

4.5.1.1 消耗量标准说明

(1)假山工程

①假山工程包括湖石假山、黄石假山、挡墙式假山、斧劈石假山、青片石假山、吸水石假山、塑假石山等。除注明者外,假山和自然式驳岸均未包括基础,另行计算。

②塑砖骨架假石山,如设计要求做部分钢筋混凝土骨架,应进行换算。

③堆砌假山、砌塑假山均包括脚手架,不得另计。

④假山与基础的划分:地面以下按基础计算,地面以上按假山计算。

⑤平均厚度超过80cm的室外附壁式假山按挡墙式假山计算。

(2)园路工程

①园路垫层缺项可按楼地面工程相应项目执行,人工乘以系数1.10。

②园桥基础、桥台、桥墩、护坡、石桥面等项目,如遇缺项可分别按《××省仿古建筑及园林景观工程消耗量标准》中其他章节相应项目执行,人工乘以

系数1.25，其他不变。

(3)小品工程

①园林小品是指园林建设中的工艺点缀品，艺术性较强。包括堆塑装饰、各种动物雕塑和小型预制钢筋混凝土、金属构件等小型设施。雕塑指适应于民间传统工艺装饰的园林小品雕塑，不适用于城市雕塑。

②园林小摆设，系指各种仿匾额、花瓶、花盆、石鼓、坐凳及小型水盆、花坛池、花架预制件。

4.5.1.2 工程量计算规则

(1)假山工程

①堆砌假山工程量按实际堆砌的石料以吨计算。

堆砌假山工程量(t) = 进料验收数 - 进料剩余数

②如无石料进场验收量，可按叠成后的假山计算体积和比重换算，参考计算公式如下：

a. 假山计算体积的计算公式：

$$V_{计} = Kn \times A \times H$$

式中 Kn——当 H 在 1m 内时为 0.77，当 H 在 1~2m 内时为 0.72，当 H 在 2~3m 内时为 0.653，当 H 在 3~4m 内时为 0.60；

A——假山不规则平面轮廓的水平投影面积的外切矩形面积，m^3；

H——假山石地面至最高顶的垂直距离，m；

$V_{计}$——叠成后的假山计算体积，m^3。

b. 计算体积换算重量的计算公式：

$$W_{重} = 2.6 \times V_{计}$$

式中 $W_{重}$——假山石重量，t；

2.6——石料比重，t/m^3。

③各种单体孤峰及散景石，按其单体石料体积(取单体长、宽、高各自的平均值体积)乘以石料比重(2.6)计算。

④砌塑假山体积计算公式同堆砌假山，以立方米计算。

⑤塑砖骨架和钢骨架钢网假山按其外围表面积以平方米计算。

(2)园路工程

①园路垫层按设计图示尺寸。

②园路面层按设计图示尺寸，以平方米计算。

③园桥毛石基础、桥台、桥墩、拱圈、护坡按设计图示尺寸以立方米计

算，石桥面积以平方米计算。拱圈、支架按桥面宽度每侧加 1m 的空间体积以立方米计算。

（3）小品工程

①堆塑装饰分别按展开面积以平方米计算，塑松棍（柱）、竹分不同直径按延长米计算。

②小型设施：预制或现捣水磨石景窗框、平凳、花檐、角花、博古架、飞来椅等的工程量，按图示尺寸以延长米计算，木纹板工程量以平方米计算。预制钢筋混凝土和金属花色栏杆工程量以延长米计算。

③塑树蔸式桌凳以一桌四凳为一套，小套桌面 ϕ600mm，中套 ϕ800mm，大套 ϕ1000mm。

④鱼长从鱼口沿始，经眼、腹至尾之全长，以条计算。

⑤仙鹤身高为头、颈、身、腿长之和，以只计算；咀和爪不计算长度。

⑥塑龙按龙身最粗处之周长以条计算。

⑦雕塑以图案的外切矩形面积以平方米计算，简单是指构图内容较单调、层叠不多的装饰物构成的画面，如几何图案构图、层次和束数不多的花草、山石、吉祥物飘带、笙笛、果子、书卷、蝙蝠等。复杂是指构图内容丰富、层次较多的装饰物构成的画面，如风景、山水树木、建筑物、龙凤呈祥、故事人物、戏幅等。其中，阴阳线雕指在一个平面上以凸、凹线型表现的图案，一般凸出底板 1~4cm；平浮雕以厚度不同的平面图案构成，一般凸出底板 3~6cm；浅浮雕以不同高度的立体图案构成，被雕物有 1/2 以上凸出画面呈现立体感，一般凸出底板 5~10cm；高浮雕比浅浮雕更具有立体感，主要雕塑对象有 3/4 以上凸出画面，一般凸出底板 10~20cm。

⑧塑散景石以不规则水平投影面积的外切矩形面积乘以平均高度以立方米计算。

⑨琉璃花窗、瓦片漏窗按实际面积以平方米计算。窗框未包括在内，按相应项目另行计算。

⑩琉璃竹节按实际长度以米计算。

⑪石桌石椅、水磨石桌凳均以一桌四凳为一套，长形石条凳一套包括凳面、凳脚。

⑫杉树皮屋面、杉树皮贴墙面均按饰面积计算，爪角和室顶以个计算。

4.5.2　土石方工程

土石方工程共包含 7 个部分：人工挖地槽（地沟）、人工挖地坑、人工挖土方、挖淤泥(流沙、支挡土板)、人工凿岩石、人工挑抬(人力车运土、石方)、平整场地(回填土)。

①人工挖地槽(地沟)　人工挖地槽(地沟)普通土、人工挖地槽(地沟)坚土;

②人工挖地坑　人工挖地坑普通土、人工挖地坑坚土;

③人工挖土方　人工挖土方干土、人工挖土方湿土;

④挖淤泥(流沙、支挡土板)　挖淤泥(流沙)、支挡土板、人工打圆木桩;

⑤人工凿岩石　人工凿岩石地面开凿、人工凿岩石地槽开凿、人工凿岩石地坑开凿;

⑥人工挑抬(人力车运土、石方)　人工挑抬、人力车运;

⑦平整场地(回填土)　平整场地、回填土、原土打夯。

4.5.2.1　消耗量标准说明

①土壤、岩石分类根据《××省建筑工程消耗量标准》第一章土石方说明,土壤分为普通土和坚土。坚土包括中密、密实的碎石,中密、密实砂土,密实粉土,坚硬、硬型的黏土;其他土壤为普通土。

②湿土排水费用未包括在内,另行计算。

4.5.2.2　工程量计算规则

①土壤、岩石应根据勘测资料结合土壤、岩石分类规定计算。

②干土与湿土的划分,应以地下水位为准,地下水位以上者为干土,地下水位以下者为湿土,干、湿土工程量分别计算。在同一槽、坑内有干、湿土时,深度应分别按相应子目计算,总深度不变。

③挖土方放坡:普通土深在1.20m以内,坚土深在1.5m以内,均不计算放坡;超过以上深度,如需放坡,又无设计规定者,可按表4-7计算。

表4-7　人工挖土放坡系数表

土壤类别	人工挖土放坡系数
普通土	1∶0.5
坚土	1∶0.33

④外墙地槽长度按中心线长度计算,内墙地槽按槽底的净长线计算,其宽度及地坑底面积均按设计图纸计算。工作面宽等按施工组织设计规定计算,若无规定,可按下列规定计算:

- 混凝土基础或混凝土基础垫层,需支模板时,每边增加工作面30cm。
- 使用卷材或防水砂浆做垂直防潮层时,每边增加工作面80cm。

⑤土石方的体积,按自然密实体积计算,填方按夯实后的体积计算。淤泥、流沙按实际计算,运土石方按虚方计算时,其人工乘以系数0.80。

⑥地槽底宽在3m以上,地坑底面积在20m^{2}以上,平整场地厚度在30cm以上者,均按挖土方计算。

⑦平整场地按建筑(构)物外形每边各加宽2m计算面积。围墙的平整场地,以每边各加宽2m计算。

⑧室内回填土体积,按墙间净面积乘以厚度计算,不扣除垛、柱、附墙烟囱等所占的面积。

4.5.3 楼地面工程

楼地面工程共包含6个部分:垫层、防潮层、整体面层、块料面层、散水(斜坡、台阶)、伸缩缝。

①垫层 楼地面垫层砂、人工级配砂石1:1.5、碎石(碎砖)灌浆、干铺碎石(碎砖)、水泥石灰炉渣、炉(矿)渣石灰拌和、炉(矿)渣干铺、毛石灌浆、混凝土。

②防潮层 防水砂浆、五层做法水泥砂浆、二毡三油防水层、油毡防水层、天(檐)沟防水层、坡顶望板上防水层、圆形掇尖等异形屋面防水层、屋面铺豆石(绿豆砂)、立面刷沥青黏砂粒、平立面单刷沥青、刷冷底子油(一遍)、刷防腐油望板、刷防腐油檩木(飞檐木、楞木)、刷防腐油木桩。

③整体面层 整体面层水泥砂浆、整体面层水磨石、楼梯抹面、踢脚线水泥砂浆、踢脚线水磨石面。

④块料面层 缸砖地面、马赛克面层、花岗岩板地面、花岗岩板踢脚线、花岗岩板楼梯踏步、方砖地面细墁、方砖地面粗墁。

⑤散水(斜坡、台阶) 毛石散水、平铺砖散水、混凝土散水、混凝土斜坡、混凝土台阶水泥砂浆面、混凝土台阶斩假石面、混凝土台阶水磨石面、转台阶水泥砂浆面。

⑥伸缩缝 伸缩缝油浸麻丝(平面)、伸缩缝油浸麻丝(立面)、伸缩缝油浸木丝板、伸缩缝石灰麻刀(平面)、伸缩缝石灰麻刀(立面)、伸缩缝沥青砂浆、伸缩缝铁皮盖面(平面)、伸缩缝铁皮盖面(立面)、伸缩缝建筑油膏。

4.5.3.1 消耗量标准说明

①楼地面工程防潮层所用的材料,以石油沥青、石油沥青玛蹄脂为准,如设计规定使用煤沥青、煤沥青玛蹄脂,可以换算,其他不变。

②卷材防潮层,已包括附加层工料在内。

③整体面层、块料面层的混凝土、砂浆标号和面层抹灰砂浆的配合比、厚度不同,可以换算。

④楼梯抹面包括踏步、踢脚线、平台、楼梯帮及底面的抹灰,但水泥砂浆楼梯面层未包括防滑条,如设计有防滑条,可按附注增加工料。

⑤散水、斜坡、台阶均已包括了土方、垫层、面层;如垫层、面层的材料品种、含量与设计不同,可以换算。

4.5.3.2 工程量计算规则

①楼地面层 水泥砂浆面层按主墙间的净空面积计算,应扣除地沟盖板、花池、假山等所占的面积,不扣除柱梁,间壁墙以及 0.3m² 以内孔洞所占的面积。但门洞、空圈的开口部分也不增加。水磨石面层及块料面层按图示尺寸的净面积计算。

②垫层 按水泥砂浆面层计算的面积乘以垫层厚度以立方米计算。

③防潮层 地面面积计算方法与水泥砂浆面层计算方法相同。地面与墙连接处高 50cm 以内的按展开面积合并在平面内计算;超过 50cm 的按立面防潮层执行;立面防潮层外墙以外墙外围长度,内墙按净长度乘以高计算(扣除 0.3m² 以上孔洞所占的面积)。

④伸缩缝 以延长米计算。如内外双面填缝者,工程量按双面计算。伸缩缝项目适用于屋面、墙面及地面部分。

⑤踢脚线 以延长米计算。计算长度时,不扣除门洞及空圈处的长度,但洞口、空圈和垛的侧壁也不增加。预制水磨石踢脚线按净长计算。

⑥楼梯抹面 按水平投影面积计算。楼梯井宽 20cm 以内的不扣除,超过 20cm,应扣除其面积。楼梯防滑条以延长米计算。

⑦散水、台阶、斜坡 按水平投影面积计算。台阶与平台的划分以最上层踏步的平台外口减一个踏步宽度为准。最上层踏步宽度以外部分,并入相应地面工程量计算。散水长度应扣除踏步、斜坡、花台等所占的长度。

【案例 4-4】 园路园桥工程工程量清单计价编制

根据【案例 3-3】园路园桥工程分部分项工程量清单及其施工图等相关资

料,确定园路园桥工程清单项目的价格。

(1)确定清单项目所综合的分项工程

由表3-8中项目特征的描述,结合"计量规范"中相应项目所完成的工作内容可知:

园路清单中包含路基、路床的整理、垫层铺筑、面层铺筑分项工作;

挖沟槽土方清单包含人工挖沟槽和槽坑土方运输分项工作;

木质步桥清单包含木桥基础、铺设防腐木桥面分项工作;

钢梁清单包含钢支撑、刷防锈漆分项工作。

(2)计算定额工程量

计算定额工程量,即按照消耗量定额工程量计算规则计算的清单项目综合的分项工程工程量。

①园路工程清单

a. 600×300×30黄锈石火烧板园路工程量。路基、路床的整理按设计尺寸以$10m^2$计算。$0.9 \times 2 \times 2 \div 10 = 0.36(10m^2)$。

垫层铺筑按设计图示尺寸以体积计算。100厚碎石垫层:$0.9 \times 2 \times 2 \times 0.1 = 0.36(m^3)$;100厚C15混凝土:$0.9 \times 2 \times 2 \times 0.1 \div 10 = 0.036(10m^3)$。

面层铺筑园路面层按设计图示尺寸以$10m^2$计算。$0.9 \times 2 \times 2 \div 10 = 0.36(10m^2)$。

b. 黑色抛光卵石园路工程量。路基、路床的整理按设计的尺寸以$10m^2$计算。$0.3 \times 2 \times 2 \times 2 \div 10 = 0.24(10m^2)$。

垫层铺筑按设计图示尺寸以体积计算。100厚碎石垫层:$0.3 \times 2 \times 2 \times 2 \times 0.1 = 0.24(m^3)$。

100厚C15混凝土:$0.3 \times 2 \times 2 \times 2 \times 0.1 \div 10 = 0.024(10m^3)$。

面层铺筑园路面层按设计图示尺寸,按$10m^2$计算。$0.3 \times 2 \times 2 \times 2 \div 10 = 0.24(10m^2)$。

②挖沟槽土方清单 人工挖沟槽工程量按实际工程量以体积计算。$0.3[宽] \times 0.55[高] \times 1.5[长] \times 2 \div 100 = 0.00495(100m^3)$。

槽坑土方运输工程量:$0.3[宽] \times 0.55[高] \times 1.5[长] \times 2 \div 1000 = 0.000495(1000m^3)$。

③木质步桥清单 基础碎石垫层按实际工程量以体积计算。$0.3 \times 1.5 \times 0.15 \times 2 = 0.135(m^3)$。

混凝土基础按实际工程量以体积计算。$(0.3 \times 1.5 \times 0.15 \times 2) \div 10 =$

$0.0135(10m^3)$。

铺硬木地板按实际工程量以面积计算。$1.5 \times 3 \div 10 = 0.45(10m^2)$。

木材料刷漆按实际工程量以面积计算。$5 \times 3 \div 10 = 0.45(10m^2)$。

④钢梁清单 钢支撑按钢梁质量以吨计算 $= 0.2666t$。

刷防锈漆按刷防锈漆面积计算 $= 11.32 \times 0.1 \times 2 \times 3 = 6.792(m^2)$。

钢结构运输按运输的钢梁质量以10t计算 $= 0.02666(10t)$。

⑤碎石垫层清单 碎石垫层以体积计算：$0.15(高) \times 0.3(宽) \times 1.5(长) \times 2(个)/10 = 0.0135(10m^3)$。

⑥混凝土垫层清单 混凝土垫层以体积计算：$0.2(高) \times 0.3(宽) \times 1.5(长) \times 2(个)/10 = 0.018(10m^3)$。

(3)园路园桥工程清单项目计价表(表4-8)

表4-8 单位工程工程量清单与造价表(投标报价)

(一般计税法)

工程名称：园路园桥工程

序号	项目编码	项目名称	项目特征描述	计量单位	工程量	金额(元)				
						综合单价	合价	其中		
								建安费用	销项税额	附加税费
1	050201001001	园路:600×300×30黄锈石火烧板	1.材质规格:铺贴石材600×300×30黄锈石火烧板；2.砂浆配合比厚度:30厚1:2水泥砂浆	m²	3.60	236.85	852.65	765.39	84.19	3.06
	E14-49	园路土基,整理路床		10m²	0.36	58.37	21.01	18.86	2.08	0.08
	E14-54	基础垫层:碎石		m³	0.36	228.40	82.22	73.81	8.12	0.29
	A2-14换	垫层混凝土(换):现浇及现场混凝土,砾石最大粒径40mm,C15水泥32.5		10m³	0.036	4746.60	170.88	153.39	16.87	0.61

(续)

序号	项目编码	项目名称	项目特征描述	计量单位	工程量	金额(元)				
						综合单价	合价	其中		
								建安费用	销项税额	附加税费
	E6-43换	花岗岩板地面(换):600×300×30黄锈石火烧板		10m²	0.36	1607.03	578.53	519.33	57.13	2.08
2	050201001002	黑色抛光卵石园路	1.材质规格:镶嵌直径30~50mm黑色抛光卵石; 2.砂浆配合比厚度:30厚1:2水泥砂浆	m²	2.40	218.62	524.69	471.00	51.81	1.88
	E14-49	园路土基,整理路床		10m²	0.24	58.37	14.01	12.58	1.38	0.05
	E14-57	素色卵石面,彩边,素色		10m²	0.24	1424.77	341.95	306.95	33.76	1.23
	E14-54	基础垫层,碎石		m³	0.24	228.40	54.82	49.21	5.41	0.20
	A2-14换	垫层混凝土(换):现浇及现场混凝土.砾石最大粒径40mm,C15水泥32.5		10m³	0.024	4746.60	113.92	102.26	11.25	0.41
3	010101003001	挖沟槽土方		m³	0.495	62.08	30.73	27.58	3.03	0.11
	A1-4	人工挖槽、坑,深度2m以内,普通土		100m³	0.005	3062.76	15.16	13.61	1.50	0.05
	A1-39	槽坑机械挖土,槽坑土方运输(人工装、机械运)50m		1000m³		31448.51	15.57	13.97	1.54	0.06
4	050201014001	木制步桥	1500×120×60防腐硬木(木蜡油两道,DN10沉头螺栓固定)	m²	4.50	339.66	1528.49	1372.08	150.93	5.48

(续)

序号	项目编码	项目名称	项目特征描述	计量单位	工程量	金额(元)				
						综合单价	合价	其中		
								建安费用	销项税额	附加税费
	E14-157换	塑木地板面(栈道、平台)(换):塑木木楞,40×30(换):硬木地板180×36×12		10m²	0.45	3235.45	1455.95	1306.96	143.77	5.22
	E9-39	木地板 润油粉、刷漆片、擦蜡		10m²	0.45	161.19	72.54	65.11	7.16	0.26
5	010604001001	钢梁	1.钢材类别:工字钢; 2.规格:120×100×10; 3.防锈处理:刷银白色氟碳漆2遍	t	0.267	11283.42	3008.16	2700.33	297.04	10.79
	A6-29换	钢支撑,型钢(换):H型钢		t	0.267	7724.76	2059.42	1848.68	203.35	7.39
	A6-100	钢结构氟碳漆		m²	6.792	133.77	908.57	815.59	89.72	3.26
4	050201014001	木制步桥	1500×120×60 防腐硬木(木蜡油两道,DN10 沉头螺栓固定)	m²	4.50	339.66	1528.49	1372.08	150.93	5.48
	E14-157换	塑木地板面(栈道、平台)(换):塑木木楞40×30(换):硬木地板180×36×12		10m²	0.45	3235.45	1455.95	1306.96	143.77	5.22
	A6-106	1类金属构件运输(市内),运距3km以内		10t	0.025	1506.83	36.95	33.17	3.65	0.13
6	010404001001	垫层	垫层材料种类、配合比、厚度:150厚碎石	m³	0.135	315.15	42.55	38.19	4.20	0.15
	A2-8	垫层,砾(碎)石干铺		10m³	0.014	3151.47	42.55	38.19	4.20	0.15
7	010501001001	垫层	混凝土强度等级:C15	m³	0.18	544.63	98.03	88.00	9.68	0.35

(续)

序号	项目编码	项目名称	项目特征描述	计量单位	工程量	金额(元)				
						综合单价	合价	其中		
								建安费用	销项税额	附加税费
	A2-14换	混凝土垫层(换):现浇及现场混凝土、砾石最大粒径20mm,C15水泥42.5		10m³	0.018	5446.32	98.03	88.00	9.68	0.35
累　　计							6070.13	5448.97	599.39	21.78

4.6 园林景观工程清单计价编制

4.6.1 砌筑工程

砌筑工程共包含7个部分:基础垫层、砖基础(砖墙)、砖柱(空斗墙、空花墙、填充墙)、其他砖砌体、毛石基础(毛石砌体)、砌景石墙(蘑菇石墙)、墙基防潮层。

①基础垫层　基础垫层灰土、基础垫层石灰水渣、基础垫层煤渣、基础垫层碎石(砖)干铺、基础垫层碎石(砖)灌浆、基础垫层三合土、基础垫层毛石干铺、基础垫层毛石灌浆、基础垫层碎石和沙、基础垫层毛石混凝土、基础垫层混凝土、基础垫层沙;

②砖基础(砖墙)　砖基础、砖砌内墙、砖砌外墙;

③砖柱(空斗墙、空花墙、填充墙)　砖柱矩形、砖柱圆形、空斗墙、空花墙、填充墙;

④其他砌筑体　其他砌体小型砌体、其他砌体砌圆(半圆拱)、其他砌体砖地沟、其他砌体贴砖1/4砖厚、其他砌体贴砖1/2砖厚、其他砌体城墙体;

⑤毛石基础(毛石砌体)　墙基、墙身、独立柱、护坡干;

⑥砌景石墙(蘑菇石墙)　墙身景石墙、墙身蘑菇石墙;

⑦墙基防潮层　墙基防潮层防水砂浆、墙基防潮层一毡二油(水柏油)。

具体消耗量定额子目如下:

4.6.1.1 消耗量标准说明

①砖墙砌筑是以内、外墙划分的,艺术形式复杂程度的因素,已综合考

虑在项目内。

②砖碹、砖过梁、腰线、砖垛、砖挑沿等砌体,除注明者外,均并入墙身内计算;砖圈梁使用砂浆标号不同时,另列项目计算。砖过梁、砖圈梁等砌体内的钢筋应根据设计图纸另行计算。

③砌体中砂浆标号,如与设计规定不同,应根据设计规定的标号计算,但人工和砂浆数量不变。除砖圈梁外,钢筋砖过梁及砖碹比墙身提高砂浆标号因素,已综合考虑在内,不另行增加。

4.6.1.2 工程量计算规则

①基础垫层长度,外墙按外墙中心线长度计算,内墙按垫层净长计算。

②砖结构以标准砖为准,计算砖墙体积时,其厚度规定见表4-9。

表4-9 标准砖计算尺寸

砖规格	单位	1/4砖	1/2砖	3/4砖	1砖	1砖	1砖	2砖	备注
240×115×53	mm	53	115	180	240	300	365	490	标准砖

使用地方砖时,其人工、材料按实调整。一砖以内的砖墙厚度,按砖的尺寸计算,一砖以上的砖墙厚度,按砖的尺寸每个灰缝加1cm计算。

③檐高按设计室外地坪至檐口滴水高度计算。

④通过墙基、墙身的孔洞或其他空洞的面积,每个在0.3m^2以内者不予扣除,如超过0.3m^2,应予以扣除。

⑤基础与墙身的划分:有台明的以室内地坪为界;无台明的以室外地坪为界。以上者为墙身,以下者为墙基。台明墙按墙身计算。

⑥砖基础体积的计算规定如下:
- 外墙墙基的长度按外墙中心线长度计算。
- 内墙墙基的长度按内墙净长计算。
- 地龙墙、地楞砖墩按墙基执行。

⑦砖墙身体积的计算规定如下:
- 计算墙身体积时,应扣除门窗洞口(门、窗框外围面积,下同)、过人洞、空圈、嵌入墙身的钢筋混凝土梁、圈梁及板头等所占体积;但嵌入墙身的钢筋、铁件和钢筋混凝土梁头、梁垫、木屋架头、桁条垫木、木楞头、出沿椽、木砖、门窗走头、半砖墙的木筋及伸入墙内的暖气片、壁龛等体积均不扣除;突出墙身的门、窗套、窗台虎头砖、压顶线、山墙泛水槽和腰线(在三皮砖以下者)等体积也不增加。

- 外墙墙身和女儿墙按外墙中心线长度计算，高度按图示尺寸计算。女儿墙工程量并入外墙计算。
- 内墙墙身的长度按内墙净长计算，高度按图示尺寸计算。
- 檐口外墙高度的计算规定：檐口外墙高度算至其中心线的屋面板或椽子顶面，但如内外有天棚（天花、轩）及檐口桁条起承重作用，檐墙高度算至天棚以上20cm。
- 山墙部分的工程量，无台明的由设计室外地坪，有台明的由室内地坪起算至山尖1/2的高度。

⑧空斗墙按外形体积以立方米计算。计算规则与实砌墙相同。墙角、门、窗洞口立边，内外墙节点、钢筋砖过梁、砖碹、混凝土楼板下、楼地面踢脚线处、山尖和屋檐处的实砌砖，已包括在子目内，不另行计算；但钢筋砖圈梁及附墙垛（柱）实砌部分应按相应项目另行计算；围墙的压顶（砖垛、墙顶脊另算）和腰线应并入墙身内计算。

⑨砖柱基合并在柱身内计算。毛石柱基合并在墙基内计算。

⑩空花墙按面积计算，其透空部分面积包括在内。

⑪墙基防潮层按墙基顶面积以平方米计算。

4.6.2 混凝土工程

混凝土工程共包含2个部分：现浇混凝土、预制混凝土。

①现浇混凝土　基础、柱、梁、桁、枋、机、板、钢丝网屋面、其他；

②预制混凝土　柱、梁、屋架、桁、枋、机、板、椽子、其他、预制钢筋混凝土构件汽车运输、预制钢筋混凝土构件安装。

4.6.2.1 消耗量标准说明

①设计的混凝土与砂浆强度等级与实际不符时，可以换算。

②毛石混凝土中的毛石掺量，独立基础20%，条形基础15%，设计使用量不同时，其毛石和混凝土用量可按比例调整。

③混凝土构件未考虑早强剂的费用，如需提高早期强度，早强剂费用另行计算。

④构件汽车运输不分构件名称和类别。

⑤构件吊装包括场内运距150m以内的运输费，如超过，按1km以内项目执行，同时扣去其中的场内运费。

⑥现浇混凝土构件和预制混凝土构件制作使用商品混凝土时，按每立方

米混凝土构件减少人工 0.48 工日,机械费乘以系数 0.6,混凝土按商品混凝土单价换算。

4.6.2.2 工程量计算规则

①混凝土构件 除注明按水平、垂直投影或延长米计算外,均按图示尺寸,按实体积以立方米计算,不扣除钢筋、铁件、螺栓所占体积。

②板类构件 均不扣除面积在 $0.3m^2$ 以内孔洞的混凝土体积;面积超过 $0.3m^2$ 的孔洞应扣除其混凝土体积,但留洞所需工料不另行增加。

③基础

• 带形基础(或称条形基础):其外墙基的长度按外墙中心线计算,内墙基的长度按内墙基净长计算。

• 柱基、柱墩的高度:按设计规定计算,图纸无明确表示时,可以算至基础扩大顶面。

• 整板基础:带梁(包括反梁)者,按有梁式计算;仅带有边肋者,按无梁式计算。

• 杯形基础:按图示尺寸以实体积计算。

④柱 按图示断面尺寸乘以柱高以立方米计算。柱高按以下规定确定:

• 柱高按柱基上表面至柱顶面的高度计算。

• 有梁板的柱高应按柱基上表面至楼板下表面的高度计算。

• 有楼隔层的柱高按柱基上表面或楼板表面至楼板上表面或上一层楼板上表面的高度计算。

• 依附于柱上的云头、梁垫、蒲鞋头的体积另列项目计算。

• 多边形柱按圆柱执行,其规格按断面对角线长套用。

⑤梁 按图示断面尺寸乘以梁长以立方米计算。梁长的计算规定如下:

• 梁与柱连接时,梁长应按柱与柱间的净距计算。

• 次梁与柱或次梁与主梁交接时,次梁长度算至柱侧面或主梁侧面的净距。

• 梁与砌体墙交接时,伸入墙内的梁头,应包括在梁的长度内计算。梁与混凝土墙相交,梁长算至混凝土墙表面。

• 圈梁与过梁连接时,分别套用圈梁、过梁,其过梁长度按图示尺寸计量,图纸无规定时,按门、窗口外围宽度两端共加 50cm 计算。

• 老嫩戗(戗梁)按设计图示尺寸,按实体积以立方米计算。

⑥板 按图示面积乘以板厚以立方米计算。
• 有梁板是指梁(包括主、次梁)与板构成一体,其工程量应按梁、板体积总和计算。
• 平板是指无柱、梁,直接由墙承重的板。
• 有多种板连接时,以墙的中心线为界,伸入墙内的板头并入板内计算。
• 戗翼板是指古典建筑中在翘角部位,并连有摔网椽的翼角板。其工程量(包括摔网椽和板体积之和)按图示尺寸以实体积立方米计算。
• 椽望板是指古典建筑中在飞檐部位,并连有飞椽和出檐重叠之板。其工程量(包括飞椽、檐椽和板体积之和)按设计图示尺寸,以实体积立方米计算。
• 亭屋面板(曲形)是指古典建筑中亭面板,为曲形状,其工程量按设计图示尺寸,按实体积以立方米计算。
⑦中式屋架 是指古典建筑中立贴式屋架。其工程量(包括立柱、童柱、大梁、双步体积之和)按设计图示尺寸,按实体积以立方米计算。
⑧枋、桁
• 枋子(看枋)、桁条、梓桁、连机、梁垫、蒲鞋头、云头、斗拱、椽子等构件,均按设计图示尺寸,按实体积以立方米计算。
• 枋与柱交接时,枋的长度应按柱与柱间的净距计算。
⑨其他
• 整体楼梯包括楼梯中间休息平台、平台梁、斜梁及楼梯与楼板相连接的梁(不包括与楼层过道连接的楼板),按水平投影面积计算,不扣除宽度小于20cm的楼梯井,伸入墙内部分不另行增加。
• 伸出墙外的阳台按设计图尺寸以立方米计算,伸出墙外的牛腿、边梁已包括在内,但嵌入墙内的梁按圈梁执行,柱式雨篷按相应的板和柱计算。
• 吴王靠、挂落、栏板、栏杆按延长米计算,楼梯的栏板、栏杆长度,如图纸无规定,按水平投影长度乘以系数1.15计算。
• 零星构件是指单件体积小于0.1m³以内未列入项目的构件。
• 古式零件是指梁垫、蒲鞋头、云头、水浪机、插角、宝顶、莲花头子、花饰块等以及单体积小于0.05m³未列的古式小构件。
⑩装配式构件制作
• 装配式构件一律按施工图示尺寸以实体积计算,空腹构件应扣除空腹

体积。

- 预制混凝土板间或补现浇板缝时，按平板执行。
- 预制水磨石窗台板类及隔断已包括磨光打蜡，其安装铁件按图示计算。
- 预留部位浇捣系指装配式柱、枋、云头交叉部位需电焊后浇制作混凝土的部分，其工程量按实体积以立方米计算。
- 预制混凝土花漏窗按其外围面积以平方米计算，边框线抹灰按抹灰工程规定另行计算。
- 预制混凝土构件运输和安装工程量的计算方法，与构件制作的工程量计算方法相同。

4.6.3 抹灰工程

抹灰工程共包含7个部分：水泥砂浆(石灰砂浆)、剁假石、水刷石、干粘石、水磨石(拉毛)、镶贴块料面层、墙面勾缝。

①水泥砂浆(石灰砂浆)　天棚面、砖内墙面、板条墙面、钢板网墙面、内墙裙砖、砖外墙面、毛石外墙面、柱梁面、挑檐天沟腰线栏杆扶手压顶门窗套、阳台雨篷、小型砌体、混合砂浆底、低筋灰浆面；

②剁假石　剁假石砖墙面(墙裙)、剁假石梁(柱面)、剁假石挑檐(腰线、栏杆、扶手)、剁假石窗台线(压顶、门窗线及其他)、剁假石阳台(雨篷水平投影面积)；

③水刷石　水刷石砖墙(砖墙裙)、水刷石毛石墙(毛石墙裙)、水刷石梁(柱面)、水刷石挑檐(腰线、栏杆、天沟)、水刷石窗台线(压顶、门窗套及其他)、水刷石阳台(雨篷水平投影面积)；

④干粘石　干粘石砖墙面(砖墙裙)、干粘石毛石墙面(毛石墙裙)、干粘石梁(柱面)、干粘石挑檐(腰线、栏杆、扶手)、干粘石窗台线(压顶、门窗套及其他)、干粘石阳台(雨篷水平投影面积)；

⑤水磨石(拉毛)　水磨石墙面(墙裙)、水磨石柱(梁面)、水磨石窗台板(水池、门窗套等小型项目)、拉毛墙面、拉毛柱(梁面)；

⑥镶贴块料面层　粘贴块料面层、镶贴块料面层、挂贴块料面层；

⑦墙面勾缝　墙面勾缝水泥砂浆砖墙面、墙面勾缝水泥砂浆毛石墙面平缝、墙面勾缝水泥砂浆毛石墙面凸缝、墙面勾缝水泥膏凸缝、墙面勾缝水泥膏凹缝。

4.6.3.1 消耗量标准说明

①抹灰工程消耗量定额中抹灰不分等级,水平已根据园林建筑质量要求较高的情况综合考虑。

②抹灰工程消耗量定额中规定的抹灰厚度及砂浆种类,一般不得换算。如设计图纸对厚度与配合比有明确要求,可以换算。

③抹灰工程消耗量定额中抹灰均按手工操作。

④室内净高(山墙部分地坪至山尖1/2高度)在3.6m内的墙面及天棚抹灰脚手架费用,已包括在其他材料费内;超过3.6m时,可另行计算抹灰脚手架。

⑤水泥白石子浆,如设计采用白水泥、色石子,可按配合比的数量换算;如用颜料,颜料用量按实际用量另行计算。

4.6.3.2 工程量计算规则

(1)天棚抹灰

①天棚抹灰面积,按主墙间的净空面积计算,不扣除间壁墙、垛、柱所占的面积。带有钢筋混凝土梁的天棚,其梁的两侧面积,并入天棚抹灰工程量内计算。

②密肋梁和井字梁天棚抹灰面积按展开面积计算(井字梁天棚指井内面积在 $5m^2$ 以内者)。

③天棚抹灰包括小圆角工料在内。如带有装饰线脚,分别按3道线以内或5道线以内,以延长米计算。线脚的道数以每个突出棱角为1道线。

④檐口天棚的抹灰,并入相同的天棚抹灰工程量内计算。

(2)内墙面抹灰

①内墙面抹灰面积,应扣除门窗洞口和空圈所占的面积,不扣除踢脚板、挂镜线、$0.3m^2$ 以内的孔洞和墙与构件交接处的面积,洞口侧壁和顶面也不增加,但垛的侧面抹灰应与内墙面抹灰工程量合并计算。内墙面抹灰的长度按主墙间的图示净尺寸计算,其高度确定如下:

• 无墙裙的,其高度按室内地坪面或楼面至天棚底面计算。

• 有墙裙时,其高度按墙裙顶点至天棚底面计算。

②内墙裙抹灰面积以长度乘以高度计算,应扣除门窗洞口和空圈所占的面积,但门窗洞口和空圈的侧壁和顶面的面积、垛的侧壁面积,并入墙裙内

计算。

③砖墙中的钢筋混凝土梁、柱等的抹灰按墙面抹灰子目计算。

④柱和单梁的抹灰按展开面积计算，柱与梁或梁接头的面积不予扣除。

⑤护角线已包括在内，不另行计算。

(3)外墙面抹灰

①外墙抹灰面积，应扣除门窗洞口和空圈所占的面积，不扣除 $0.3m^2$ 以内的孔洞面积。门窗洞口及空圈的侧壁、顶面和垛的侧面抹灰，并入相应的墙面抹灰中计算。

②独立柱和单梁的抹灰，应另列项目计算。

③外墙裙抹灰，按展开面积计算，门口和空圈所占面积应予扣除，侧壁并入相应项目内计算。

④阳台、雨篷抹灰，可按水平投影面积计算，子目中包括底面、上面、侧面及牛腿的全部抹灰面积。但阳台的栏杆、栏板抹灰应另列项目按相应项目计算。

⑤挑檐、天沟、腰线、栏杆、扶手、门窗套、窗台线、压顶等均按展开面积以平方米计算，套用相应项目，窗台线与腰线连接时，并入腰线内计算。

⑥外窗台抹灰长度如设计无规定，可按窗框外围宽度另加20cm计算，一砖墙厚窗台展开宽度按36cm计算，每增加半砖厚，其宽度增加12cm。

⑦栏板、遮阳板、抹灰，按展开面积计算。

⑧墙面勾缝按垂直投影面积计算，应扣除墙裙及局部较大的抹灰面积，不扣除门窗洞口及腰线、窗套等的零星抹灰面积。但垛的侧面，门窗洞口侧壁和顶面的面积，也不增加。

⑨各种块料面层，均按设计图纸以展开面积计算。

4.6.4 木作工程

木作工程共包含27个部分：立帖式屋架、圆梁(扁作梁、枋子、夹底、斗盘枋、桁条)、方木桁条(轩桁、连机)、搁栅、帮脊木(矩、半圆形椽子)、圆形椽子(矩形弯椽)、半圆单弯轩椽(矩形双弯椽轩)、茶壶档轩椽(矩形飞椽)、圆形飞椽、戗角、屋面板、斗拱、枕头木(梁垫、蒲鞋头、雀替)、里口木及其他配件、古式木窗、古式木门、古式栏杆、吴王靠(挂落及其装饰)、间壁墙、天棚楞木、天棚面层、井口天花、木楼地塄、木楼板及踢脚线、木楼梯(木扶手、木栏杆)、匾额、门窗装饰附件。

①立帖式屋架 立帖式屋架圆柱、立帖式屋架方柱断面;

②圆梁(扁作梁、枋子、夹底、斗盘枋、桁条) 圆梁、扁作梁、枋子、圆木桁条;

③方木桁条(轩桁、连机) 方木桁条、方木轩桁、方木连机;

④搁栅 方木搁栅、圆木搁栅;

⑤帮脊木(矩、半圆形椽子) 帮脊木方圆多角形、矩形椽子、半圆荷包形椽子;

⑥圆形椽子(矩形椽子) 全圆形椽子、矩形单弯椽子;

⑦半圆单弯轩椽(矩形双弯椽轩) 半圆单弯轩椽、矩形双弯轩椽;

⑧茶壶档轩椽(矩形飞椽) 茶壶档轩椽、矩形飞椽;

⑨圆形飞椽 圆形飞椽直径7cm以内、圆形飞椽直径10cm以内、圆形直径10cm以上;

⑩戗角 老戗角、嫩戗角、戗企木断面、半圆荷包形摔网椽、矩形摔网椽、立脚飞椽、关刀里口木断面、关刀弯眼椽、弯风檐板、摔网板、卷戗板、鳖角壳板、棱角木、硬木千斤销;

⑪屋面板 屋面板制安厚2.0cm、屋面板制安板厚每增减0.5cm;

⑫斗拱 斗拱、单昂斗拱、柱头坐斗;

⑬枕头木(梁垫、蒲鞋头、雀替) 枕头木、梁垫、雀替、水浪机、光面机、蒲鞋头;

⑭里口木及其他配件 里口木、封沿板、瓦口板、椽稳板、闸椽安椽头、垫拱板、山花板、夹樘板、清水望板、裙板;

⑮古式木窗 木长窗扇制作、木短窗扇制作、多角(圆形)木短窗扇、古式纱窗、长窗框制作、短窗框制作、多角形窗窗框制作、长窗框扇、短窗框扇安装、多角圆形窗框扇、百叶窗、圆形玻璃窗;

⑯古式木门 库门制作、库门安装、屏门直拼制作、屏门直拼安装、屏门框档制作、屏门框档安装、屏门框制作、屏门框安装、将军门制作、将军门安装、将军门刺制作安装、门上钉竹丝制作安装、门下框下坎单截口、门下框下坎双截口、窗台板、筒子板、窗帘盒带木棍、窗帘盒带金属轨、挂镜线、门窗贴脸;

⑰古式栏杆 古式栏杆制作灯景式、古式栏杆制作葵式万川、古式栏杆

制作葵式乱纹、栏杆安装、雨达板制作安装、木作槛制作安装;

⑱吴王靠(挂落及其装饰) 吴王靠制作、挂落制作、飞罩制作、吴王靠安装、挂落安装、落地圆罩制作、落地圆罩安装、落地方罩制作、落地方罩安装、须弥座制作安装、飞罩安装;

⑲间壁墙 间壁单、板间壁、木墙裙、护墙板;

⑳天棚楞木 普通天棚、斜天棚、钙塑板天棚、吸音板天棚;

㉑天棚面层 板条、钢丝网、薄板、吸音板、钙塑板、胶合板(纤维板)、隔音板、檐口天棚(包括楞木)单层清水、檐口天棚(包括楞木)、天棚检查洞、天棚通风洞、钉压条;

㉒井口天花 井口天花、仿井口天花天棚;

㉓木楼地堸 方木楞、圆木楞;

㉔木楼梯及踢脚线 平口板、企口板、硬木企口;

㉕木楼梯(木扶手、木栏杆) 木楼梯、木栏杆带木扶手、混凝土栏杆上木扶手、铁栏杆带木扶手、靠墙木扶手、靠墙钢管扶手;

㉖匾额 普通匾额制作、单匾托制作、云龙纹通匾托、万字花草通匾托;

㉗门窗装饰附件 卡子花四季花草团、卡子花四季花草卡子、卡子花花福寿团、卡子花福寿卡子。

4.6.4.1 消耗量标准说明

①木作工程消耗量定额中,木作构件除注明者外,均以刨光为准,刨光损耗已包括在内。木材数量均为毛料。

②古式门窗、栏杆、挂落、隔断、罩、天花等木构件装修木材,扁作梁、枋、橼制作木材,立贴式屋架、兜肚木门、圆角木窗、框扇制作均以一、二类木种为准。以上木装修和木构件如使用三、四类木种,其制作工乘以系数1.27,安装工乘以系数1.15。

③木材以自然干燥为准,如需烘干,其费用另行计算。

④古式木门窗小五金费按表4-10的小五金用量计算,如设计用的小五金品种、数量不同,品种数量均可调整,其他不变。

⑤玻璃厚度不同时,可按设计规定换算。

⑥古式木门窗五金数量见表4-10,五金附件未包括的部分应另行计算调整。

表 4-10　古式门窗五金用量表　　　　　　10m² 扇面积

定额编号		1	2	3	4
项目	单位	长窗门扇（扇）	短窗扇（扇）	库门（扇）	贡式宕子（扇）
材料	铁门环	只	—	—	4	—
	风圈	只	8	10	4	6
	鸡骨搭钮	只	8	10	—	—
	15cm 风钩	只	—	10	—	—
	20cm 风钩	只	8	—	—	—
	45cm 插销	只	4	5	—	—
	1.6cm 螺丝	只	40	50	—	—
	窗扇门扇数量	只	(8)	(10)	(4)	(6)

4.6.4.2　工程量计算规则

①立贴式屋架、柱、梁、枋子(垫板)、斗盘枋、桁条、椽子、戗角等均按设计几何尺寸以立方米竣工木料计算，斗拱以座计算，里口木、瓦口板等以米计算，填拱板(拱垫板)、山花板等均以平方米计算。

②古式木门窗按窗扇面积以平方米计算，屏门框档，木门抱坎、下坎以延长米计算。

③圆形玻璃窗、百叶窗制作和安装按窗框外围面积以平方米计算。

④古式栏杆以平方米计算。

⑤窗台板以平方米计算，如窗台板未注明长度，可按窗框的外宽度增加 10cm 计算，窗台突出墙面的宽度按抹灰面增加 3cm 计算。

⑥筒子板(门、窗口套子、大头板)的面积按图示尺寸以平方米计算。

⑦挂镜线按设计长度以延长米计算，门、窗贴脸的长度，按门、窗外围以延长米计算。

⑧木楼地楞按立方米竣工木料计算，楞间剪刀撑、檐椽木(楞垫子)的材料用量已计，不另行计算。

⑨木楼地板按主墙间净面积(不包括伸入主墙内的面积)以平方米计算，不扣除间壁墙，穿过楼地面层的柱、垛和附墙烟囱所占面积，但门和洞的开口部分亦不增加。

⑩木楼地板、木踢脚板含量不同时，不可以调整，如设计不用，应扣除其数量，但人工不变。

⑪木楼梯(包括休息平台和靠墙踢脚板)按水平投影面积以平方米(不计伸入墙内部分的面积)计算。

⑫楼梯底钉天棚的工程量均以楼梯水平投影面积乘以系数1.10,按天棚面层计算。

⑬木栏杆、木扶手均以延长米计算(不计算伸入墙内部分的长度),在楼梯踏步部分的木栏杆与木扶手,其工程量按水平投影长度乘以系数1.15计算。

⑭天棚分楞木和钉天棚面层两部分,其工程量应相等,天棚楞木的垫木已包括在内,不另行计算。

⑮天棚面积以主墙间实钉的面积计算,斜天棚以主墙间面积乘以屋面的坡度系数计算,均不扣除间壁墙,检查洞,通风口,穿过天棚的柱、垛和附墙烟囱等所占的面积。

⑯檐口天棚按挑檐宽度乘檐口的长度计算,不扣除洞口及墙、垛所占的面积。

⑰间壁墙工程量计算时,应扣除门、窗洞口的面积,但不扣除面积在 $0.3m^2$ 以内的开口部分,如通风洞和递物口等的面积。

⑱间壁墙长度按净长计算,高度按图示计算。

4.6.5 石作工程

石作工程共包含7个部分:石料表面加工、石浮雕、踏步(阶沿石、锁口石、垂带石、侧塘石、地坪石)、柱(梁、枋)、石门框(石窗框)、石栏杆、须弥座及石作配件制作安装。

①石料表面加工 荒料表面平面、荒料表面曲弧面、机锯料面平面、斜坡加工(坡势)、线脚加工直折线形一道线、线脚加工曲弧线形;

②石浮雕 石浮雕、碑镌字;

③踏步(阶沿石、锁口石、垂带石、侧塘石、地坪石) 阶沿石、锁口石、侧塘石、地坪石;

④柱(梁、枋) 柱(梁、枋)、罗马柱;

⑤石门框(石窗框) 石门框、石窗框;

⑥石栏杆 栏板柱安装、栏板及扶手安装、铁链安装;

⑦须弥座及石作配件制作安装:须弥座制作安装、须弥座龙头制作安装、须弥座四角龙头制作安装、圆形石鼓磴制作安装(二遍剁斧)、方形石鼓磴制

作安装(二遍剁斧)、覆盆式柱顶石、磉石制安(二遍剁斧)、抱鼓石砷石二遍剁斧、石屋面板(矩形)錾凿、石屋面板(弧形)錾凿、戗角板錾凿(表4-11)。

表4-11 须弥座及石作配件加工等级与相应方法及要求

加工等级	加工方法与要求
1. 打荒	对石料进行"打剥"加工,也就是用铁锤及铁凿将石料表面凸起部分凿掉
2. 錾凿	用铁锤及铁凿对石料表面进行密布凿痕的加工,并令其表面凹凸逐渐变浅
3. 一遍剁斧	用铁锤及铁凿和铁斧使石料表面趋于平正,用铁斧剁打后,令其表面无凹凸,达到表面平正,斧口痕迹的间隙应小于3mm
4. 二遍剁斧	在一遍剁斧的基础上加工得更加精密一些,斧口痕迹的间隙应小于1mm
5. 三遍剁斧	在二遍剁斧的基础上要求平面具有更严格的平整度,斧口痕迹的间隙应小于0.5mm
6. 扁光	凡完成3遍剁斧的石料,用砂石加水磨去表面的剁纹,使其表面达到光滑与平正

4.6.5.1 消耗量标准说明

①石作工程定额中,石料以花岗岩石料为准,如使用其他石料,可以调整人工,材料用量不变。

②石料表面加工等级类别划分见表4-12。

③石浮雕的加工类别见表4-12。

表4-12 石浮雕加工等级与相应方法及要求

加工等级	加工方法与要求
1. 素平(阴线刻)	常见于人物像与山水风景,其雕成凹线的深度为0.2~0.3cm。其表面要求达到"扁光"
2. 减地平钑(平浮雕)	一般是被雕的物体凸出平面3cm以内,而被雕物体表面成平面。其表平面要求达到"扁光"
3. 压地隐起(浅浮雕)	凸出平面有深有浅,凸出平面3~10cm,形成被雕物体表面有起伏。其表面要求达到"二遍剁斧"
4. 剔地起突(高浮雕)	被雕物体不仅表面有起伏,而且明显隆起,凸出平面大于10cm以上。其表面要求达到"一遍剁斧"

④石料加工人工均系累计数量,錾凿包括打荒,剁斧包括打荒、錾凿。

4.6.5.2 工程量计算规则

①踏步石、阶沿石、锁口石、垂带石均按顶面投影面积计算。

②侧塘石按正面的垂直投影面积计算。

③线脚加工不区分阴线与阳线。凡线脚深度小于5mm,按乘以系数0.5

计算。

④斜坡加工按其坡势子目计算。当坡势高度小于6cm且大于1.5cm时，按坡势子目乘以系数0.75计算。

⑤梁、柱、枋、石屋面、拱形屋面板等构件按其竣工石料体积以立方米计算。

⑥石浮雕按其雕刻种类的实际雕刻物的底板外框面积计算。

⑦碑上刻有拼音字母和英文字母，2个字母算1个汉字。

【案例4-5】 景墙、花池工程工程量清单计价编制

根据【案例3-4】景墙花池工程分部分项工程量清单及其施工图等相关资料，确定景墙花池工程清单项目的价格。

(1) 确定清单项目所综合的分项工程

由表3-16中项目特征的描述，同时结合《计量规范》中相应项目所完成的工作内容可知：

景墙工程工程量清单中包含土(石)方挖运、垫层、基础铺设、墙体砌筑和面层铺设分项工作；

挖沟槽土方工程量清单包含人工挖地槽分项工作；

花池工程工程量清单包含垫层铺设、基础砌(浇)筑、墙体砌(浇)筑、面层铺贴分项工作；

回填方工程量清单包含回填土分项工作；

余土弃置工程量清单包含人工运土分项工作；

脚手架工程量清单包含外脚手架分项工作。

(2) 计算定额工程量

计算定额工程量，即按照消耗量定额工程量计算规则计算的清单项目综合的分项工程工程量。

①景墙工程清单 人工挖普通土(2m以内)按实际施工体积计算。$(0.68 + 0.3 \times 2) \times 0.6 \times 3.6 = 2.7648 (m^3)$。

碎石垫层按体积计算。$0.68 \times 0.1 \times 3.6 = 0.2448 (m^3)$。

C15混凝土垫层按体积计算，若配合比与设计不同，配合比可进行换算，数量不变。$0.68 \times 0.1 \times 3.6 = 0.2448 (m^3)$。

M7.5砖C15水泥砂浆砖基础铺设按体积计算。$0.48 \times 0.13 \times 3.6[第一级] + 0.36 \times 0.13 \times 3.6[第二级] + 0.24 \times 0.14 \times 3.6[第三级] = 0.5141 (m^3)$。

回填土按地面下挖方体积减去埋设基础及垫层体积计算。2.7648 −

$0.2448 \times 2 - 0.5141 = 1.7611(m^3)$。

M7.5 砖 C15 墙体砌筑按实砌体积计算。$0.24 \times 1.8 \times 3.6 = 1.5552(m^3)$。

面层铺设按铺设的面积计算。$600 \times 150 \times 30$ 蘑菇面黄锈石 $= (3.92 \times 2 \times 0.15 \times 4)/100 = 0.04704(100m^2)$；$600 \times 300 \times 20$ 光面黄锈石 $= (3.92 \times 2 \times 0.3 \times 4)/100 = 0.09408(100m^2)$。

余土运输按挖土体积减去回填土体积计算。$2.7648 - 1.7611 = 1.0037(m^3)$。

②挖沟槽土方工程量清单　人工挖地槽普通干土深度在 2m 以内。$(0.56 + 0.3 + 0.56 + 0.3 + 0.92) \times (0.56 + 0.3 + 0.56 + 0.3 + 0.92) \times 0.47 = 3.2757(m^3)$。

③花池工程工程量清单　100 厚碎石垫层按实际体积计算。$0.56[宽] \times 0.1[高] \times (1.8 - 0.16 \times 2) \times 4[中心线周长] = 0.5592(m^3)$。

100 厚 C15 混凝土按实际体积计算。$0.56 \times 0.1 \times (1.8 - 0.16 \times 2) \times 4[中心线周长] = 0.5592(m^3)$。

砖基础按实际体积计算。$0.36 \times 0.13 \times (1.8 - 0.16 \times 2) \times 4[第一级] + 0.24 \times 0.14 \times (1.8 - 0.16 \times 2) \times 4[第二级] = 0.476(m^3)$。

240 砖墙按实际体积计算。$0.24[墙厚] \times 0.3[墙高] \times 5.92[中心线周长] = 0.4262(m^3)$。

$600 \times 300 \times 20$ 黄锈石蘑菇面贴面按实际贴面面积计算。$0.6[贴面宽] \times 6/100 = 0.036(100m^2)$。

$600 \times 300 \times 50$ 黄锈石蘑菇面贴面按实际贴面面积计算。$1.8[花池外边线长] \times 4 \times 0.3[贴面高]/100 = 0.0216(100m^2)$。

④回填方工程量清单　基槽回填土并夯实按回填体积计算。$3.27 - 0.336 \times 2 - 0.301 = 2.297(m^3)$。

⑤余土弃置工程量清单　人力车运土，运距 50m 内 $= 3.2757 - 2.297 = 0.9787(m^3)$。

⑥脚手架工程量清单

外脚手架工程量 $= 3.6 \times 1.8 \div 100 = 0.0648(100m^2)$。

(3)景墙花池工程清单项目计价表(表 4-13)

表4-13 单位工程工程量清单与造价表（投标报价）

（一般计税法）

工程名称：景墙花池工程

序号	项目编码	项目名称	项目特征描述	计量单位	工程量	金额(元)		其中		
						综合单价	合价	建安费用	销项税额	附加税费
1	050307010001	景墙	1. 土质类别：一类土； 2. 垫层材料种类：100厚碎石、100C15厚混凝土； 3. 基础材料种类：Mu7.5标准砖，M5水泥砂浆； 4. 墙体材料种类、规格：Mu7.5标准砖，M5水泥砂浆； 5. 墙体厚度：240； 6. 混凝土、砂浆强度等级、配合比：1:2水泥砂浆； 7. 饰面材料种类：600×300×20光面黄锈石、600×300×30蘑菇面黄锈石	m³	2.074	2105.47	4365.90	3919.13	431.10	15.66
	E1-1		人工挖地槽、地沟，普通土，干土深度在2m以内	m³	2.765	41.51	114.77	103.02	11.33	0.41
	E2-4		基础垫层，碎石（砖）干铺	m³	0.245	269.63	66.01	59.25	6.52	0.24
	E2-11换		基础垫层，混凝土C10（换）：现浇及现场混凝土，砾石最大粒径40mm，C15水泥42.5	m³	0.245	664.36	162.64	145.99	16.06	0.58
	E2-13		砖基础	m³	0.514	511.31	262.86	235.96	25.96	0.94

(续)

序号	项目编码	项目名称	项目特征描述	计量单位	工程量	金额(元)				
						综合单价	合价	其中		
								建安费用	销项税额	附加税费
	E1-59	回填土,基槽(坑)夯实		m³	1.761	35.02	61.67	55.36	6.09	0.22
	E2-21	砖砌外墙:1砖		m³	1.555	546.95	850.62	763.57	83.99	3.05
	B2-91换	粘贴花岗岩,水泥砂浆粘贴,砖墙面(换):600×150×30蘑菇面黄锈石		100m²	0.047	20937.98	984.92	884.14	97.25	3.53
	B2-91换	粘贴花岗岩,水泥砂浆粘贴,砖墙面(换):600×300×20光面黄锈石		100m²	0.094	19380.87	1823.35	1636.77	180.04	6.54
	E1-49	人力车运土,运距50m内		m³	1.004	38.92	39.06	35.07	3.86	0.14
2	010101003001	挖沟槽土方	1. 土壤类别:普通土; 2. 挖土深度:2m内; 3. 弃土运距:50m	m³	3.276	41.51	135.98	122.06	13.43	0.49
	E1-1		人工挖地槽、地沟,普通土,干土,深度在2m以内	m³	3.276	41.51	135.97	122.06	13.43	0.49
3	050307016001	花池	1. 土质类别:普通土; 2. 池壁材料种类、规格:Mu7.5标准砖M5水泥砂浆; 3. 混凝土、砂浆强度等级、配合比:1:2水泥砂浆; 4. 饰面材料种类:300×300×20光面黄锈石、600×300×50光面黄锈石	m³	0.63	3233.50	2037.11	1828.65	201.15	7.31

(续)

序号	项目编码	项目名称	项目特征描述	计量单位	工程量	综合单价	金额(元) 合价	其中 建安费用	销项税额	附加税费
	E2-4	基础垫层,碎石(砖)干铺		m³	0.332	269.63	89.39	80.24	8.83	0.32
	E2-11换	基础垫层,混凝土C10(换):现浇及现场混凝土,砾石最大粒径40mm,C15水泥42.5		m³	0.332	664.36	220.25	197.71	21.75	0.79
	E2-13	砖基础		m³	0.476	511.31	243.38	218.48	24.03	0.87
	E2-21	砖砌外墙:1砖		m³	0.426	546.95	233.13	209.28	23.02	0.84
	B2-91换	粘贴花岗岩,水泥砂浆粘贴,砖墙面(换):600×300×20光面黄锈石		100m²	0.036	19380.87	697.71	626.31	68.89	2.50
	B2-91换	粘贴花岗岩,水泥砂浆粘贴,砖墙面(换):600×300×50光面黄锈石		100m²	0.022	25613.00	553.24	496.63	54.63	1.98
4	010103001001	回填方	填方材料品种:普通土	m³	0.42	191.53	80.44	72.21	7.94	0.29
	E1-59	回填土,基槽(坑)夯实		m³	2.297	35.02	80.44	72.21	7.94	0.29
5	010103002001	余方弃置	运距:50m	m³	1.138	33.47	38.09	34.19	3.76	0.14
	E1-49	人力车运土,运距50m内		m³	0.979	38.92	38.09	34.19	3.76	0.14
6	011701002001	外脚手架	1.搭设方式:单排;2.搭设高度:3m;3.脚手架材质:钢管	m²	6.48	13.40	86.85	77.96	8.58	0.31
	A12-22	外脚手架,钢管架,15m以内,单排		100m²	0.065	1340.33	86.85	77.97	8.58	0.31
		累　　计					6744.36	6054.21	665.96	24.20

【案例4-6】 花架工程工程量清单计价编制

根据【案例3-5】花架工程分部分项工程量清单及其施工图等相关资料,确定花架工程清单项目的价格。

(1)确定清单项目所综合的分项工程

由表3-17中项目特征的描述,同时结合《计量规范》中相应项目所完成的工作内容可知:

①挖基坑土方清单中包含机械挖土运土分项工作。

②混凝土垫层清单中包含C10混凝土垫层制作分项工作。

③碎石垫层清单中包含基础碎石垫层制作分项工作。

④独立基础清单中包含C10混凝土独立基础分项工作。

⑤回填土方夯实清单中包含回填土夯填分项工作。

⑥余方弃置清单中包含人工运土分项工作。

⑦矩形柱清单中包含现浇混凝土矩形柱制作等分项工作。

⑧现浇构件钢筋清单中包含各直径圆钢的制作运输分项工作。

⑨花架清单中包含防腐木架梁、防腐木架条制作安装、刷防护材料分项工作。

⑩柱面装饰清单中包含防腐木包柱装饰分项工作。

⑪园路清单中包含路基整理、垫层铺设、面层铺贴分项工作。

⑫外脚手架清单中包含外脚手架的搭设分项工作。

⑬模板清单中包含模板的制作安装等分项工作。

(2)计算定额工程量

计算定额工程量,即按照消耗量定额工程量计算规则计算的清单项目综合的分项工程工程量。

①挖基坑土方清单 机械挖土运土按实际施工工程量计算。$(0.8+0.3\times2)$[长]$\times(0.8+0.3\times2)$[宽]$\times0.8$[高]$\times10$[个]$\div1000=0.01568(1000m^3)$。

②混凝土垫层清单 C10混凝土垫层按设计图示尺寸计算工程量。0.8[长]$\times0.8$[宽]$\times0.1$[高]$\times10$[数量]$=0.64(m^3)$。

③碎石垫层清单 基础碎石垫层按设计图示尺寸计算工程量。0.8[长]$\times0.8$[宽]$\times0.1$[高]$\times10$[数量]$=0.64(m^3)$。

④独立基础清单 C10混凝土独立基础按设计图示尺寸计算工程量。$[0.6\times0.6\times0.2$[下底]$+0.1\times(0.6\times0.6+0.2\times0.2+(0.6+0.2)\times(0.6+0.2))/6]$[棱台]$\times10/10=0.08933(10m^3)$。

⑤回填土方夯实清单 回填土夯填按实际施工工程量计算。15.68[挖土] - 1.08[基础] - 6.4×0.1×2[垫层] - 0.2×0.2×0.3×10[地下部分柱子] ÷100 = 0.132(100m³)。

⑥余方弃置清单 人工运土按实际施工工程量计算,以挖土体积减去回填土体积。(15.68[挖方体积] - 13.2[回填体积])/100 = 2.48(m³)。

⑦矩形柱清单 现浇混凝土矩形柱按设计图示尺寸计算工程量。0.2[柱长]×0.2[柱宽]×(2.5+0.1+0.3)[柱高]×10[个数]÷10 = 0.116(10m³)。

⑧现浇构件钢筋清单 钢筋工程量按设计图示钢筋(网)长度(面积)乘单位理论质量计算。

一级钢6mm:

每根长度 = (0.8 - 8×0.025[保护层厚度]) + 12.5×0.006 = 0.675(m)

根数 = (3.2 - 0.025)/0.2 + 1 = 17(根)

6mm圆钢工程量 = 0.675×17×6×6×0.006 17/1000[直径6mm每米吨位]×10[个数] = 0.0255(t)

一级钢8mm:

每根长度 = 0.6 - 0.025×2 + 12.5×0.008 = 0.65(m)

根数 = (0.6 - 0.025×2)/0.15 + 1 = 5(根)

8mm圆钢工程量 = 0.65×5×2[双向]×10个×8×8×0.006 17/1000[直径8mm每米吨位] = 0.0257(t)

一级钢16mm:

16mm圆钢工程量 = (3.2 - 0.025[保护层] + 12.5×0.016[180°弯钩增加长度])×4×10×16×16×0.006 17/1000 = 0.2132(t)

⑨花架清单 防腐木架梁按设计图示尺寸以体积计算。0.2[宽]×0.15[厚]×13.15[长]×2[根] = 0.789(m³)。

防腐木架条按设计图示尺寸以体积计算。3.35[长]×0.15[宽]×0.08[厚]×47[根] = 1.8894(m³)。

刷防护材料按设计图示尺寸以表面积计算。13.15[长]×(0.15+0.2)2[截面周长]×2[根数] + 3.35[长]×(0.15+0.08)×2[截面周长]×47[根数] = (18.41 + 72.427)/10 = 9.0837(10m²)。

⑩柱面装饰清单 防腐木包柱装饰按包柱所需防腐木的体积计算。2.5×0.25×0.025×4×10[根] = 0.625(m³)。

⑪300×300×30光面中国黑园路清单 路基整理按设计图示尺寸计算。

$(12.85\times2\times0.3+2.65\times2)[长]\times0.3[宽]\div10=0.93(10m^2)$。

园路碎石垫层按设计图示尺寸计算。$(12.85\times2\times0.3+2.65\times2)[长]\times0.3[宽]\times0.1[厚]=0.93(m^3)$。

园路混凝土垫层按设计图示尺寸计算。$(12.85\times2\times0.3+2.65\times2)[长]\times0.3[宽]\times0.1[厚]=0.93(m^3)$。

园路面层按设计图示尺寸以平方米计算。$(12.85\times2\times0.3+2.65\times2)[长]\times0.3[宽]\div10=0.93(10m^2)$。

⑫600×300×30火烧面黄锈石园路清单 路基整理按设计图示尺寸计算。$[(3.25-0.3\times2)[宽]\times(12.85-0.3\times2)[长]-0.2\times0.2\times10]\div10=3.21(10m^2)$。

园路碎石垫层按设计图示尺寸计算。$[(3.25-0.3\times2)[宽]\times(12.85-0.3\times2)[长]-0.2\times0.2\times10]\times0.1=3.21(m^3)$。

园路混凝土垫层按设计图示尺寸计算。$[(3.25-0.3\times2)[宽]\times(12.85-0.3\times2)[长]-0.2\times0.2\times10]\times0.1=3.21(m^3)$。

园路面层按设计图示尺寸以平方米计算。$[(3.25-0.3\times2)[宽]\times(12.85-0.3\times2)[长]-0.2\times0.2\times10]\div10=3.21(10m^2)$。

⑬外脚手架清单 外脚手架工程量按所服务对象的垂直投影面积计算。$12.85\times2.5/100=0.032(100 m^2)$。

⑭模板清单 基础模板工程量按模板与现浇混凝土构件的接触面积计算。独立基础模板工程量$=0.6\times4\times0.3\times10=7.2 m^2$;矩形柱模板工程量$=2.5\times0.2\times4\times10=20 m^2$;其他现浇构件,垫层模板工程量$=0.8\times4\times0.1\times10/100=0.032(100 m^2)$。

(3)花架工程清单项目计价表(表4-14)

表4-14 单位工程工程量清单与造价表(投标报价)

(一般计税法)

工程名称:花架工程

序号	项目编码	项目名称	项目特征描述	计量单位	工程量	综合单价	合价	建安费用	销项税额	附加税费
							金额(元)	其中		
1	010101004001	挖基坑土方	1. 土壤类别:普通土; 2. 挖土深度:2m内	m³	5.12	35.82	183.40	164.64	18.11	0.66

(续)

序号	项目编码	项目名称	项目特征描述	计量单位	工程量	金额(元)				
						综合单价	合价	其中		
								建安费用	销项税额	附加税费
	A1-34		挖掘机挖土、自卸汽车运土,运距1km以内,普通土	1000m³	0.016	11 696.58	183.40	164.63	18.11	0.66
2	010404001001	垫层,碎石	垫层厚度、宽度、材料种类:100mm厚碎石垫层	m³	0.64	223.65	143.14	128.49	14.13	0.51
	E14-54	基础垫层,碎石		m³	0.64	223.65	143.14	128.49	14.13	0.51
3	010501001001	垫层,混凝土	垫层厚度、宽度、材料种类:100mm厚C10混泥垫层土	m³	0.64	534.44	342.04	307.04	33.77	1.23
	E14-55换	基础垫层,混凝土C15(换):现浇及现场混凝土,砾石最大粒径20mm,C10水泥42.5		m³	0.64	534.44	342.04	307.04	33.77	1.23
4	010501003001	独立基础	1.混凝土种类:商品混凝土;2.混凝土强度等级:C35	m³	0.893	465.54	415.87	373.31	41.06	1.49
	A5-77	现拌混凝土,带形基础、独立基础C35		10m³	0.089	4655.42	415.87	373.31	41.06	1.49
5	010103001001	回填土方夯实	1.密实度要求:0.93下;2.填方材料品种:普通土	m³	2.64	192.06	507.05	455.16	50.07	1.82
	A1-11	回填土,夯填		100m³	0.132	3841.28	507.05	455.16	50.07	1.82
6	010103002001	余方弃置	1.废弃料品种:普通土;2.运距:30m	m³	2.48	23.88	59.22	53.16	5.85	0.21
	A1-12	人工运土方,运距30m以内		100m³	0.025	2387.97	59.22	53.16	5.85	0.21

(续)

序号	项目编码	项目名称	项目特征描述	计量单位	工程量	综合单价	合价	建安费用	销项税额	附加税费
								金额(元) 其中		
7	010502001001	矩形柱	1. 混凝土种类：商品混凝土； 2. 混凝土强度等级：C20	m³	1.16	598.75	694.55	623.48	68.58	2.49
	A5-80	现拌混凝土,承重柱（矩形柱、异形柱）,C35		10m³	0.116	5987.52	694.55	623.48	68.58	2.49
8	010515001001	现浇构件钢筋	钢筋种类、规格：一级圆钢直径直径6mm	t	0.026	6806.47	173.57	155.80	17.14	0.62
	A5-2	圆钢筋,直径6.5mm		t	0.026	6806.46	173.57	155.80	17.14	0.62
9	010515001002	现浇构件钢筋	钢筋种类、规格：一级圆钢直径直径8m	t	0.026	5664.32	145.57	130.68	14.37	0.52
	A5-3	圆钢筋,直径8mm		t	0.026	5664.31	145.57	130.68	14.37	0.52
10	010515001003	现浇构件钢筋	钢筋种类、规格：一级圆钢直径直径16mm	t	0.213	4583.63	977.23	877.23	96.50	3.51
	A5-7	圆钢筋,直径16mm		t	0.213	4583.63	977.23	877.23	96.50	3.51
11	050304004001	防腐木花架	1. 木材种类：防腐木； 2. 柱、梁截面：3350×150×80防腐硬木架条；200×150防腐硬木架梁； 3. 木面处理：木蜡油两道	m³	2.678	5808.38	15557.16	13965.18	1536.18	55.81
	E5-41换	方木桁条,厚度：14cm以上（换）：防腐木,木蜡油		m³ 竣工木料	1.889	3353.94	6336.93	5688.47	625.73	22.73

（续）

序号	项目编码	项目名称	项目特征描述	计量单位	工程量	金额(元)				
						综合单价	合价	其中		
								建安费用	销项税额	附加税费
	E5-17换	扁作梁厚度φ24cm以内,大梁、承重、山界梁、轩梁、荷包梁、双步(换):防腐木(换):木蜡油		m³竣工木料	0.789	5559.59	4386.52	3937.64	433.14	15.74
	E9-4	广(国)漆明光二遍柱、梁、桁、枋古式木构件		10m²	9.084	532.13	4833.71	4339.07	477.30	17.34
12	011208001001	柱(梁)面装饰	木材种类:250×25防腐硬木包混凝土柱	m²	25.00	5307.34	132683.40	119105.81	13101.64	475.95
	B2-102换	花岗岩,包圆柱(换):防腐木		m³	0.625	212293.42	132683.39	119105.80	13101.64	475.95
13	050201001001	园路300×300×30光面中国黑贴地面	1.路面厚度、宽度、材料种类:300×300×30光面中国黑贴地面; 2.砂浆强度等级:1:2水泥砂浆	m²	9.30	340.21	3163.93	2840.17	312.42	11.35
	E14-49	园路土基,整理路床		10m²	0.93	56.13	52.20	46.86	5.15	0.19
	E6-43换	花岗岩板,地面(换):300×300×30光面中国黑		10m²	0.93	2596.59	2414.83	2167.72	238.45	8.66
	E14-55换	基础垫层,混凝土C15(换):现浇及现场混凝土,砾石最大粒径20mm,C10水泥32.5		m³	0.93	525.71	488.91	438.88	48.28	1.75
	E14-54	基础垫层,碎石		m³	0.93	223.65	208.00	186.71	20.54	0.75

(续)

序号	项目编码	项目名称	项目特征描述	计量单位	工程量	金额(元)				
						综合单价	合价	其中		
								建安费用	销项税额	附加税费
14	050201001002	园路600×300×30火烧面黄锈石贴地面	1. 路面厚度、宽度、材料种类:600×300×30火烧面黄锈石; 2. 砂浆强度等级:1:2水泥砂浆	m²	32.063	239.36	7674.45	6889.11	757.81	27.53
	E14-49	园路土基,整理路床		10m²	3.206	56.13	179.97	161.55	17.77	0.64
	E6-43换	花岗岩板,地面(换):600×300×30火烧面黄锈石		10m²	3.206	1588.10	5091.85	4570.79	502.79	18.27
	E14-54	基础垫层,碎石		m³	3.206	223.65	717.08	643.70	70.81	2.57
	E14-55换	基础垫层混凝土C15(换):现浇及现场混凝土,砾石最大粒径20mm,C10水泥32.5		m³	3.206	525.71	1685.56	1513.07	166.44	6.05
15	011701002001	外脚手架	1. 搭设方式:单排; 2. 搭设高度:4.2m; 3. 脚手架材质:钢管	m²	32.125	8.38	269.14	241.60	26.58	0.97
	B7-1	装饰外脚手架,檐高在10m以内		100m²	0.321	837.79	269.14	241.60	26.58	0.97
16	011702001001	独立基础模板	基础类型:独立	m²	7.20	217.31	1564.63	1404.52	154.50	5.62
	E12-31	现浇钢筋混凝土模板,带形基础,钢筋混凝土		m³	7.20	217.31	1564.63	1404.52	154.50	5.62
17	011702002001	矩形柱模板	基础类型:独立	m²	20.00	2724.50	54490.00	48914.00	5380.54	195.46
	E12-38	现浇钢筋混凝土模板,矩形柱		m³	20.00	2724.50	54490.00	48914.00	5380.54	195.46

(续)

序号	项目编码	项目名称	项目特征描述	计量单位	工程量	综合单价	合价	建安费用	销项税额	附加税费
							金额(元)			
								其中		
18	011702025001	其他现浇构件,垫层模板	构件类型：独立基础	m²	3.20	46.93	150.18	134.81	14.83	0.54
	A13-11		混凝土基础,垫层,木模板	100m²	0.032	4692.97	150.18	134.81	14.83	0.54
累计							219194.54	196764.19	21644.07	786.27

【案例4-7】 假山、水池工程工程量清单计价编制

根据【案例3-6】假山水池工程分部分项工程量清单及其施工图等相关资料，确定假山水池工程清单项目的价格。

(1)确定清单项目所综合的分项工程

由表3-18中项目特征的描述，同时结合《计量规范》中相应项目所完成的工作内容可知：

①挖基坑土方工程量清单包含机械挖地槽分项工作。

②150mm碎石垫层清单包含基础碎石垫层分项工作。

③150mm混凝土垫层清单包含混凝土垫层分项工作。

④现浇混凝土池底清单包含平池底分项工作。

⑤现浇混凝土池壁清单包含池壁分项工作。

⑥现浇构件钢筋清单包含直径10mm圆钢筋分项工作。

⑦楼地面卷材防水清单包含平面卷材防水分项工作。

⑧墙面卷材防水清单包含立面卷材防水分项工作。

⑨水泥砂浆楼地面找平清单包含楼地面找平分项工作。

⑩园路清单包含散铺雨花石分项工作。

⑪砖砌体清单包含砖砌120外墙分项工作。

⑫块料楼地面清单包含花岗岩贴面分项工作。

⑬块料墙面清单包含花岗岩贴面分项工作。

⑭回填土方清单包含回填土夯填分项工作。

⑮余方弃置清单包含人工运输土方分项工作。

⑯堆砌石假山清单包含3t以内湖石堆砌分项工作。

⑰水池基础模板清单包含钢筋混凝土基础模板分项工作。

⑱垫层基础模板清单包含混凝土垫层模板分项工作。

(2) 计算定额工程量

计算定额工程量，即按照消耗量定额工程量计算规则计算的清单项目综合的分项工程工程量。

①挖基坑土方工程量清单　机械挖土工程量按实际挖土体积计算，要考虑挖土施工工作面。$(15-0.06+0.1+0.1-0.06+0.1+0.1+0.3\times2)$（垫层长）$\times(7.5-0.06+0.1+0.1-0.06+0.1+0.1+0.3\times2)$（垫层宽）$\times0.73$（高）$/1000=0.0971(1000\text{m}^3)$。

②150mm 碎石垫层清单　150mm 碎石垫层工程量按实际施工工程量计算。$(15-0.06+0.1+0.1-0.06+0.1+0.1)$［垫层长］$\times(7.5-0.06+0.1+0.1-0.06+0.1+0.1)$［垫层宽］$\times0.15$［垫层高］$/10=1.78318(10\text{m}^3)$。

③150mm 混凝土垫层清单　150mm 混凝土垫层工程量按实际施工工程量计算。$(15-0.06+0.1-0.06+0.1)$［垫层长］$\times(7.5-0.06+0.1-0.06+0.1)$［垫层宽］$\times0.15$［垫层高］$=17.146(\text{m}^3)$。

④现浇混凝土池底清单　现浇混凝土平池底按混凝土体积计算。

池壁混凝土工程量 $=(15-0.265\times2+7.5-0.265\times2)\times2$［池壁中心线周长］$\times0.15$［厚］$\times(0.4+0.43-0.01-0.02)$［高］$=5.1456(\text{m}^3)$。

⑤现浇混凝土池壁清单　现浇混凝土池壁按混凝土体积计算。

池底混凝土工程量 $=(7.5-0.4+0.06-0.4+0.06)\times(15-0.4+0.06-0.4+0.06)\times0.15=14.6494(\text{m}^3)$

⑥现浇构件钢筋清单　现浇构件钢筋工程量按设计图示尺寸以质量计算。

钢筋工程量 = 水池墙外圈钢筋工程量 + 水池墙内圈钢筋工程量 + 底座钢筋工程量 $=0.3205+0.3427+1.5912=2.2544(\text{t})$

⑦楼地面卷材防水清单　楼地面卷材防水工程量按实际防水面积计算。与清单的工程量的计算是一样的，其结果为 $1.0409(100\text{m}^2)$。

墙面卷材防水工程量按实际防水面积计算，其结果为 $0.3522(100\text{m}^2)$。

⑧水泥砂浆楼地面找平清单　水泥砂浆楼地面找平工程量按实际面积计算。$(15-0.4+0.01-0.4+0.01)$［池底净长］$\times(7.5-0.4+0.01-0.4+0.01)$［池底净宽］$/100=0.956(100\text{m}^2)$。

⑨园路清单　散铺雨花石工程量按散铺体积计算。$95.5584\times0.2=19.112(\text{m}^3)$。

⑩砖砌体清单　砖砌体工程量按砌筑外墙的体积计算。$(15-0.12\times2+7.5-0.12\times2)\times2$［砌体中心线周长］$\times0.12$［墙厚］$\times(0.4+0.43-0.02-0.01)$［墙高］$=4.2278(\text{m}^3)$。

⑪块料楼地面　块料楼地面工程量按压顶的面积计算。$43.4\times0.4/10=$

$1.736(10m^2)$。

⑫块料墙面清单 块料墙面工程量按贴面的面积计算。$17.808+33.824/100=0.51632(100m^2)$。

⑬回填土方清单

回填土方工程量 $=97.1443-17.8318$[碎石垫层]-17.146[混凝土垫层]$-(15-0.04\times2)\times(7.5-0.04\times2)\times0.4$[地面以下池底池壁]$/100=0.14563(100m^3)$

⑭余方弃置清单

余方弃置工程量 $=(97.1443-14.563)/100=0.8258(100m^3)$

⑮堆砌石假山清单 3t 以内湖石堆砌工程量 53.01t。

⑯水池基础模板清单

钢筋混凝土基础模板工程量 $=(15-0.36+7.5-0.36)\times2\times0.82$[外池壁]$+0.65\times(15-0.7+7.5-0.7)\times2$[内池壁]$/100=0.631492(100m^2)$

⑰垫层基础模板清单

混凝土垫层模板工程量 $=(15+0.05\times2+7.5+0.05\times2)\times2$[垫层周长]$\times0.15$[垫层高]$/100=0.0681(100m^2)$

(3)假山水池工程清单项目计价表(表 4-15)

表 4-15 单位工程工程量清单与造价表(投标报价)
(一般计税法)

工程名称:假山水池工程

序号	项目编码	项目名称	项目特征描述	计量单位	工程量	综合单价	合价	建安费用	销项税额	附加税费
							金额(元) 其中			
1	010101002001	挖一般土方	1. 土壤类别:普通土; 2. 挖土深度:2m 内	m³	86.781	13.09	1136.23	1019.95	112.20	4.08
	A1-34		挖掘机挖土、自卸汽车运土,运距 1km 以内,普通土	1000m³	0.097	11696.58	1136.25	1019.98	112.20	4.08
2	010501001001	150mm 混凝土垫层	1. 混凝土种类:150mm 混凝土垫层; 2. 混凝土强度等级:C15	m³	17.146	450.74	7728.42	6937.57	763.13	27.72

(续)

序号	项目编码	项目名称	项目特征描述	计量单位	工程量	综合单价	合价	建安费用	销项税额	附加税费
								金额(元) 其中		
	A2-14换	垫层:混凝土(换):现浇及现场混凝土,砾石最大粒径40mm,C15水泥32.5		10m³	1.715	4507.42	7728.42	6937.57	763.13	27.72
3	010501001001	150mm碎石垫层	混凝土种类:150mm碎石垫层	m³	17.832	223.65	3988.08	3579.97	393.82	14.30
	E14-54	基础垫层,碎石		m³	17.832	223.65	3988.08	3579.97	393.82	14.30
4	010103001001	回填土方夯实	1. 密实度要求:0.93下; 2. 填方材料品种:普通土; 3. 填方来源、运距:30m	m³	7.323	76.39	559.40	502.15	55.24	2.01
	A1-11	回填土,夯填		100m³	0.146	3841.28	559.39	502.15	55.24	2.01
5	010103002001	余方弃置	1. 废弃料品种:普通土; 2. 运距:30m	m³	82.582	23.88	1972.05	1770.25	194.72	7.07
	A1-12	人工运土方,运距30m以内		100m³	0.826	2387.97	1972.02	1770.23	194.72	7.07
6	040601006001	现浇混凝土池底	混凝土强度等级:C15	m³	14.649	527.96	7734.31	6942.86	763.71	27.74
	D6-738换	半地下室池底平池底(厚度)50cm以外,厂拌C25(换):普通商品混凝土C15(砾石)		10m³	1.465	5279.61	7734.31	6942.86	763.71	27.74
7	040601007001	现浇混凝土池壁(隔墙)	混凝土强度等级:C15	m³	5.146	563.44	2899.23	2602.55	286.28	10.40

(续)

序号	项目编码	项目名称	项目特征描述	计量单位	工程量	金额(元)				
						综合单价	合价	其中		
								建安费用	销项税额	附加税费
	D6-755换		池壁(隔墙)直、矩形(厚度),20cm以内,现场拌C20(换):现浇及现场混凝土,砾石最大粒径40mm,C15水泥32.5	10m³	0.515	5634.38	2899.23	2602.55	286.28	10.40
8	010515001001	现浇构件钢筋10mm	钢筋种类、规格:一级圆钢直径10mm;	t	2.254	5058.94	11404.87	10237.80	1126.16	40.91
	A5-4	圆钢筋:直径10mm		t	2.254	5058.94	11404.87	10237.80	1126.16	40.91
9	010904001001	楼(地)面卷材防水	卷材品种、规格、厚度:SBS10mm厚	m²	104.094	49.28	5129.67	4604.74	506.53	18.40
	A8-83	玛蹄脂卷材,二毡三油,平面		100m²	1.041	4927.93	5129.70	4604.77	506.53	18.40
10	010903001001	墙面卷材防水	卷材品种、规格、厚度:SBS10mm厚	m²	35.219	54.31	1912.70	1716.97	188.87	6.86
	A8-84	玛蹄脂卷材,二毡三油,立面		100m²	0.352	5430.87	1912.69	1716.96	188.87	6.86
11	011101001001	水泥砂浆楼地面找平	面层厚度、砂浆配合比:20厚1:2水泥砂浆	m²	95.558	19.49	1862.43	1671.85	183.90	6.68
	B1-1	找平层,水泥砂浆混凝土或硬基层上,20mm		100m²	0.956	1948.96	1862.40	1671.82	183.90	6.68
12	050201001001	园路	散置,直径30~60mm,雨花石	m²	95.558	303.40	5773.06	5182.28	570.06	20.72
	E14-96	池底铺卵石,干铺		m³	19.112	302.07	5773.07	5182.28	570.06	20.72

(续)

序号	项目编码	项目名称	项目特征描述	计量单位	工程量	综合单价	合价	建安费用	销项税额	附加税费
13	010401001001	砖砌体	1.砖品种、规格、强度等级：120mm厚页岩标准砖，240×115×53mm，Mu7.5砖； 2.砂浆强度等级：混合M5.0	m³	4.228	528.38	2233.89	2005.29	220.58	8.01
	E2-19	砖砌外墙1/2砖		m³	4.228	528.38	2233.89	2005.29	220.58	8.01
14	050201001003	600×400×50光面中国黑压顶	1.600×400×50光面中国黑压顶； 2.20厚1:2水泥砂浆	m²	17.36	158.81	2756.94	2474.82	272.23	9.89
	E6-43	花岗岩板,地面		10m²	1.736	1588.10	2756.94	2474.82	272.23	9.89
15	050201001004	400×200×30光面黄锈石贴面	1.400×200×30光面黄锈石贴面； 2.20厚1:2水泥砂浆	m²	51.632	187.55	9683.53	8692.61	956.19	34.74
	B2-91	粘贴花岗岩,水泥砂浆粘贴,砖墙面		100m²	0.516	18754.91	9683.54	8692.61	956.19	34.74
16	050301002001	堆砌石假山	1.堆砌高度：最高点3m； 2.石料种类、单块重量：太湖石	t	53.01	1143.49	60616.41	54413.44	5985.52	217.45
	E14-3	湖石假山,高度3m以内,C15		t	53.01	1143.49	60616.41	54413.44	5985.52	217.45
17	011702001001	水池基础模板	基础类型：异形	m²	74.266	56.81	4219.05	3787.31	416.60	15.13
	A13-4	带形基础,钢筋混凝土（板式）,竹胶合板模板,木支撑		100m²	0.743	5680.98	4219.04	3787.30	416.60	15.13
18	011702001001	垫层基础模板	基础类型：异形	m²	6.798	46.93	319.03	286.38	31.50	1.14
	A13-11	混凝土基础,垫层木模板		100m²	0.068	4692.97	319.03	286.38	31.50	1.14
		累　　计					131929.29	118428.80	13027.23	473.26

4.7 措施项目清单计价编制

措施项目共包含3个部分：脚手架工程、模板工程、围堰工程。

①脚手架工程 高12m内外脚手架、高20m内外脚手架、里脚手架、脚手架封席、抹灰脚手架、悬空脚手架、挑脚手架、满堂脚手架、斜道（高度）12m以内、塔拆水桩平台。

②模板工程 现浇钢筋混凝土模板带形基础、基础梁、独立基础杯形基础、整板基础；

现浇钢筋混凝土模板矩形柱、圆形柱；

现浇钢筋混凝土模板预留部位浇捣、矩形梁、圆形梁、圈梁、过梁、老嫩戗；

现浇钢筋混凝土模板矩形桁条（梓桁）、圆形桁条（梓桁）、枋子（连机）；

现浇钢筋混凝土模板有梁板、平板、椽望板、戗翼板、亭塔屋面板、厅堂殿廊屋面、整体楼梯、雨棚、阳台、古式栏板、古式栏杆、吴王靠简式、吴王靠繁式、压顶、板斗拱、梁垫（蒲鞋头、短机、云头、古式零件）、其他零星构件、预制钢筋混凝土模板矩形柱、圆形柱；

预制钢筋混凝土模板矩形梁、圆形梁直径20cm以内、异形板、基础梁、过梁、老嫩戗；

预制钢筋混凝土模板人工屋架、中式屋架；

预制钢筋混凝土模板桁条梓桁、枋子（连机）；

预制钢筋混凝土模板平板、单肋板、椽望板、戗翼板；

预制钢筋混凝土模板椽子方直形、圆直形、弯形椽；

预制钢筋混凝土模板楼梯斜梁、楼梯踏步、斗拱、梁垫（蒲鞋头、短机、云头、古式零件）、挂落、花窗窗框、零星构件、预制栏杆件、预制吴王靠件、预制水磨石零件。

③围堰工程 土围堰、草袋围堰。

4.7.1 消耗量标准说明

（1）脚手架工程

①脚手架分别按木制、竹制、钢制编制。

②屋面软梯脚手架费用已综合考虑在铺屋面内，不另行计算。

③屋脊高度在1m以内,不计算筑脊脚手架;超过1m,计算一次双排(高12m以内)砌墙脚手架,另一面因抹灰已包括3.6m内脚手架费用,故不得计算抹灰脚手架费用。

④外脚手架中已综合了斜道、上料平台。斜道子目,只适用于单独搭设的斜道。

⑤脚手架高度按20m以内编制,如超过20m,按《××省建筑工程消耗量标准》规定计算。

(2)模板工程

①措施项目消耗量定额中,模板根据不同构件分别按工具钢模板、定型钢模板、木模板,混凝土地(胎)模和砖地(胎)模编制。

②措施项目消耗量定额中,现浇钢筋混凝土柱、梁、板、枋、桁、机的工具式钢模板,是按单层建筑檐高、多层建筑层高3.6m内编制的。超过3.6m,在8m内时,每10 m^2 模板的钢支撑、零星卡具乘以系数1.15,人工乘以系数1.10;在12m内钢支撑、零星卡具乘以系数1.25,人工乘以系数1.12;在16m内钢支撑、零星卡具乘以系数1.50,人工乘以系数1.15。木模板木支撑高度在8m以内,模板锯材乘以系数1.10,人工乘以系数1.10;在12m内木支撑,模板锯材乘以系数1.20,人工乘以系数1.12;在16m内木支撑,模板锯材乘以系数1.30,人工乘以系数1.15。

4.7.2 工程量计算规则

(1)脚手架工程

①外脚手架、里脚手架均按墙面垂直投影面积以平方米计算,门窗洞口及空洞面积均不扣除。

②外墙脚手架的垂直投影面积以外墙的长度乘以室外地面至墙的顶面高度计算。内墙脚手架的垂直投影面积以内墙净长乘以内墙净高计算,有山墙者以山尖1/2高度为准。

③凡砌筑高度(除注明者外)在1.5m以上的各种砖石砌体均需计算脚手架。建筑物外墙檐高、内墙净高和围墙高度在3.6m以内的砖墙按里脚手架计算。建筑物外墙檐高,内墙净高和围墙高度在3.6m以上的砌体,按外墙脚手架计算。山墙部分从室外地面(内墙以室内地面或楼层面层)至山尖的1/2处的高度超过3.6m时,其整个山墙部分按外脚手架计算。云墙高度从地面至云墙突出部的1/2高度超过3.6m者,整个云墙按外脚手架计算。

④独立砖石柱砌筑高度在3.6m以内者,其脚手架以柱的外围长度乘以实砌高度按里脚手架计算。高度在3.6m以上者,其脚手架以柱的外围周长加3.6m乘以柱高,按单排外脚手架计算。

⑤现浇钢筋混凝土单梁,底层檐高、楼层层高超过3.6m,按梁的净长乘以地面或楼面至梁顶面的高度计算面积,套砌墙单排脚手架。现浇钢筋混凝土独立柱高度超过3.6m,按柱的外围周长加3.6m乘以柱高按砌墙单排脚手架计算。

⑥内墙抹灰脚手架,室内高度在3.6m以内者已包括在相应项目内,超过3.6m时计算一面抹灰脚手架费用,另一面的抹灰利用砌墙脚手架。钉天棚和天棚抹灰,室内净高在3.6m以内脚手费已包括在其他材料费内,超过时按满堂脚手架计算,钉天棚和天棚抹灰,只能计算1次,计算了满堂脚手架后,不应再计算超过3.6m的抹灰脚手架。

⑦满堂脚手架及悬空脚手架,其面积按需搭脚手架的水平投影面积计算,不扣除垛、柱等所占的面积。满堂脚手架的高度以室内地坪至天棚面或屋面的底面为准(斜天棚或坡屋面的底部按平均高度计算)。挑脚手架以延长米计算。

⑧天棚高度在5.2m时,计算1个满堂脚手架的基本层;超过5.2m时,应计算增加层。增加层的高度在0.6m以内时,不计增加层;超过0.6m时,按1个增加层计算。

⑨檐口高度超过3.6m时,安装古建筑的立柱、架、梁、木基层、挑檐,按屋面投影面积计算满堂脚手架1次,檐高在3.6m以内时不计脚手架。但檐高在3.6m以内的戗(翼)角安装,按戗(翼)角部分可计算1次满堂脚手架。

(2)模板工程

①现浇混凝土工程

• 模板工程量以构件混凝土体积计算,不扣除钢筋、铁件及0.3m^2内孔洞所占的面积。

• 古式栏板、古式栏杆、吴王靠、挂落以延长米计算。

②预制混凝土工程

• 模板工程量以构件体积立方米计算,不扣除钢筋、铁件及0.3m^2内孔洞所占的面积。

• 挂落以延长米计算。

• 栏杆件、吴王靠件以平方米计算。

• 花窗按外围投影面积计算。

③围堰工程　土围堰按延长米计算，草袋围堰按立方米计算。

【技能训练 4-1】　某广场园林工程工程量清单计价编制

根据【技能训练 3-1】中某广场园林设计图纸资料、相关规范及已完成的工程量清单，请完成该广场园林工程工程量清单计价编制。

【练习题】

1. 园林工程费用有哪些分类？分别由哪些构成？
2. 园林工程项目的税金应该如何计取？
3. 园林工程预算中有哪些费用是不可竞争费用？

【思考题】

综合单价由哪些构成？是如何计取的？

【讨论题】

工程量清单项目计价的设置依据是什么？不同计价目的其依据是否不同，有哪些不同？

单元 5
工程造价管理软件运用

【知识目标】

(1) 了解工程造价管理软件的基本界面。

(2) 了解工程造价管理软件的操作过程。

【技能目标】

(1) 能运用工程造价管理软件编制园林工程量清单。

(2) 能运用工程造价管理软件编制园林工程量清单计价。

5.1 软件基本界面介绍

(1)软件启动

首先在计算机里安装好智多星工程项目造价管理软件,双击计算机桌面上生成的快捷方式图标,即可打开软件;也可以在桌面上依次点击【开始】—【程序】—【智多星项目造价软件】—【湖南2016营改增建设项目造价管理】,启动软件。

(2)软件界面

软件启动后主窗口如图5-1所示,其中标题栏显示软件版本号、当前项目文件保存的路径及文件名;菜单栏显示软件所有一级菜单,如果要进行具体的操作,需要单击一级菜单,然后在弹出的子菜单中进行操作;工具栏提供常用工具,选择一个工具按钮相当于选择了一个相应命令;项目导航栏提供单项工程、单位工程及窗口快速导航;项目管理栏可进行项目组成或列项管理。

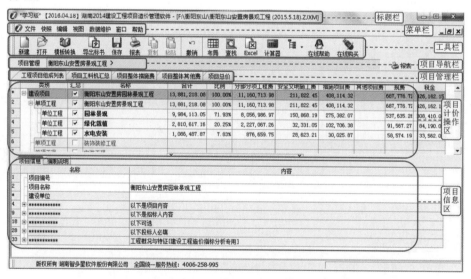

图5-1 智多星工程项目造价管理软件主窗口

①项目组成 项目计价数据汇总显示。如图5-1中"项目计价操作区"。

②项目人材机 在该窗口可调整或汇总当前项目工程中所有的人材机。如图5-2所示。

③项目整体措施费 调整或汇总整个项目工程所有的措施费。

④项目整体其他费 调整或汇总整个项目工程所有的其他费。

⑤项目总价 汇总项目各分项费用，统计总造价。如图5-3所示。

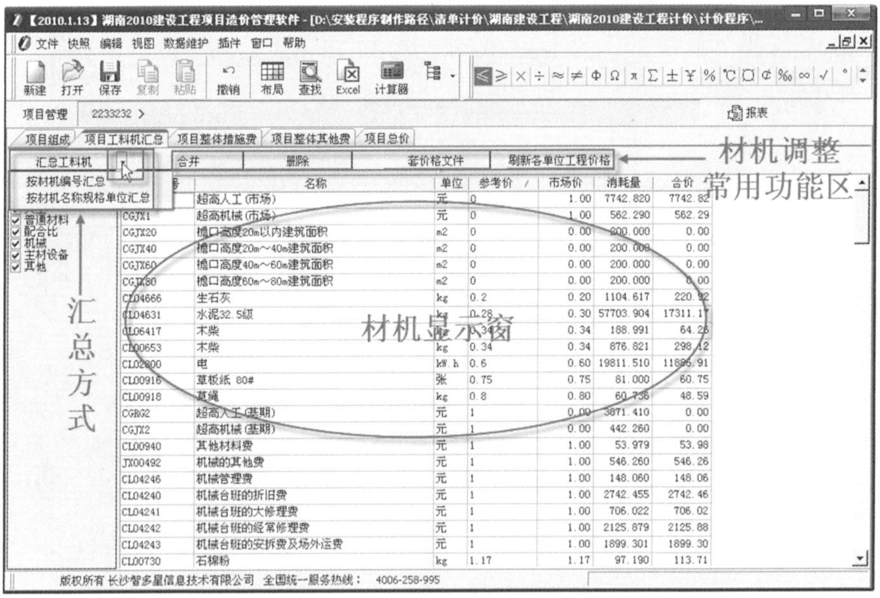

图5-2 人材机操作窗口

图5-3 项目费用组成显示窗口

⑥项目报表 点击工具栏中的报表按钮,进入报表窗口,可将所需的工程量清单或计价打印输出,也可以将其另存为 Excel 表格。如图 5-4 所示。

⑦单位工程 通过项目导航栏进入单位工程。如图 5-5 所示。

图 5-4 项目报表窗口

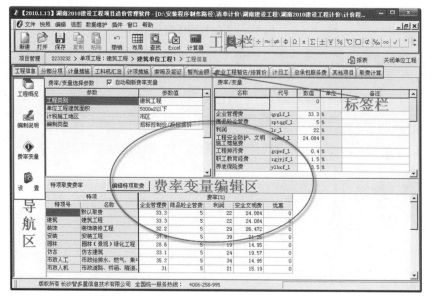

图 5-5 单位工程操作窗口

⑧插页栏(标签栏) 是软件的主要组件之一,工程的计算、套定额都是在插页栏中进行的,插页栏中的数据计算流程是从左至右,依次汇总。

插页栏主要是由工程信息、分部分项、计量措施、工料机汇总、计项措施、索赔及签证、暂列金额、专业工程暂估/结算价、计日工、总承包服务费、其他项目、取费计算等很多子插页组成的，每个子插页又对应不同的费用模块窗口。如图 5-5 所示。

5.2 工程造价管理软件操作流程

5.2.1 软件操作流程

软件操作的基本流程根据手工编制预算书的过程进行设置，其基本流程如图 5-6 所示。

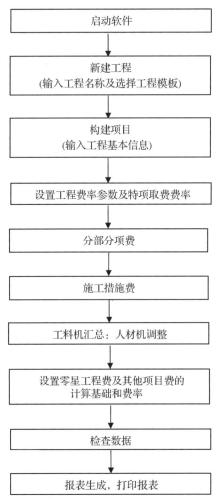

图 5-6 软件操作基本流程图

5.2.2 项目工程预算编制

项目管理是智多星工程项目造价管理软件特有的工程项目整体编制与管理的功能，无论工程项目包含多少单项工程与单位工程、预算范围有多广，只需编制一个项目预算文件即可。

(1)新建项目

启动软件后，在【创建项目文件】对话框中点击【新建项目】按钮，输入工程项目的名称并选择"湖南 2016 营改增计价办法"模板(图 5-7)，点击【确定】按钮进入【项目管理】主界面窗口(图 5-8)。

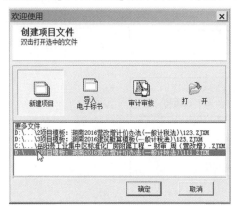
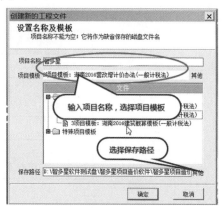

图 5-7　创建项目文件　　　　图 5-8　设置项目名称及模板

(2)新建单项工程

【工程项目组成列表】中已经根据专业类别预设了不同专业的单项工程，如果需要增加新的单项工程，可以执行右键快捷菜单命令，插入单项工程节点。如图 5-9 所示。

(3)新建单位工程

单位工程必须建立在相应的单项工程节点之下，在软件中预设的单项工程中，单击鼠标右键，执行快捷菜单命令【新建＊＊＊×××工程＊＊＊】，其中"×××"表示专业名称，如建筑工程、装饰装修工程、安装工程等，新建工程名称默认与单项工程同名，用户可以根据实际情况进行改写。

图 5-9 新建/插入单项工程

(4) 单位工程的导入与导出

从其他项目文件中导入一个或多单位工程，也可直接将扩展名为 NGC 的单位工程文件导到本项目工程中。执行右键快捷菜单命令【导入单位工程】命令，在打开的对话框中选择项目源文件（图 5-10），再选择项目内欲导入的单位工程（图 5-11）。

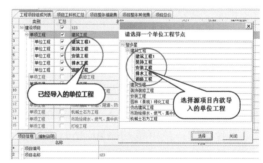

图 5-10 选择欲导入的项目源文件　　图 5-11 选择项目源文件内欲导入的单位工程

(5) 电子标书的导出

当工程项目编制完成后，需要发布工程清单或导出控制价，即执行菜单工具栏中【导出标书】命令按钮，在打开的对话框中选择导出标书类型，指定导出文件保存位置，即可将当前项目按规定的招投标接口标准导出生成一个 XML 工程成果文件，如图 5-12 所示。

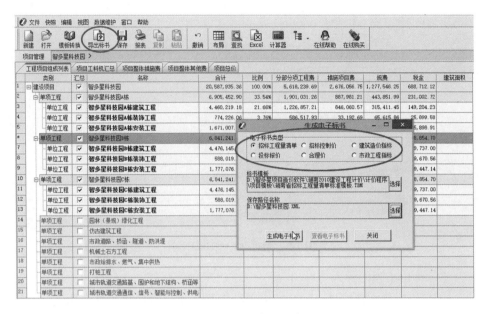

图 5-12 生成电子标书

注意:

①如果有多个单项工程,需在导出前执行右键菜单中【重排清单流水号】命令功能。

②选择电子标书类型:

招标:导出 XML 格式的招标清单;

招标控制价:招标方提供的 XML 格式控制价;

投标:投标方导出 XML 格式的投标文件;

合理价:经审核的 XML 格式合理报价。

③选择标书模板(软件一般会自动匹配模板)及保存位置。

④为防止串标与围标嫌疑,在生成标书前必须插入正版软件加密锁,且不能用一个软件加密锁编制多份标书文件。

⑤汇总状态为"×"的工程不能导出 XML 标书。

(6)导入电子标书

招标方使用智多星工程项目造价管理软件编制"工程量清单电子招标标书"(扩展名为.XML),投标方需安装相同软件完成对招标项目的工程量清单报价工作。首先启动软件,在【创建项目文件】对话框中,双击【导入电子标书】按钮,进入【导入 XML 电子标书】对话框。如图 5-13 所示。

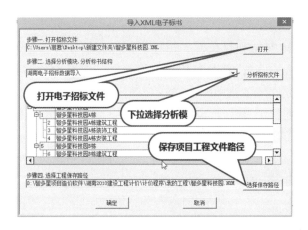

图 5-13 导入电子标书

①点【打开】命令按钮，找到扩展名为".XML"电子招标文件；

②从分析模板下拉列表中选择"湖南电子招标数据导入"模板；

③选择好模板后，点【分析招标文件】命令按钮，如果标书符合标准的数据格式，则会将导入的工程项目结构显示在列表框中；否则，提示标书不符合标准，验证失败。

④导入后的工程文件默认保存在软件安装目录的"我的工程"文件夹下，用户可以重新选择保存路径进行保存，点击【确定】按钮在指定位置创建工程文件，即可开始编制投标文件。

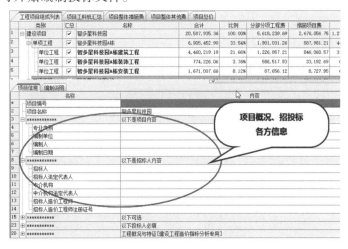

图 5-14 项目信息编制

(7)项目信息编制

项目信息一般包括项目概况、招标人信息、投标人信息等,根据编制要求填入信息,"必填信息"部分是招投标接口标准要求内容,必须完整无误地填写,以免影响招投标。如图5-14所示。

(8)项目工料机汇总

智多星软件的最大特色之一就是能将项目内各单项工程、单位工程的人工、材料与机械消耗汇总到【项目工料机汇总】窗口中,对汇总工料机进行集中调价,并应用到各单位工程中,如图5-15所示。

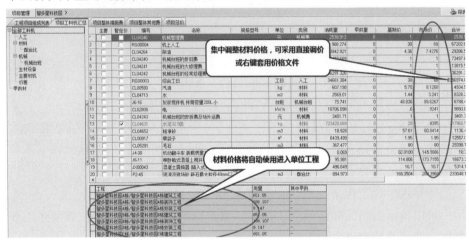

图 5-15　项目工料机汇总及调整

(9)项目总造价

对汇总项目内"汇总"状态为"√"的造价数据进行合计,如图5-16所示。

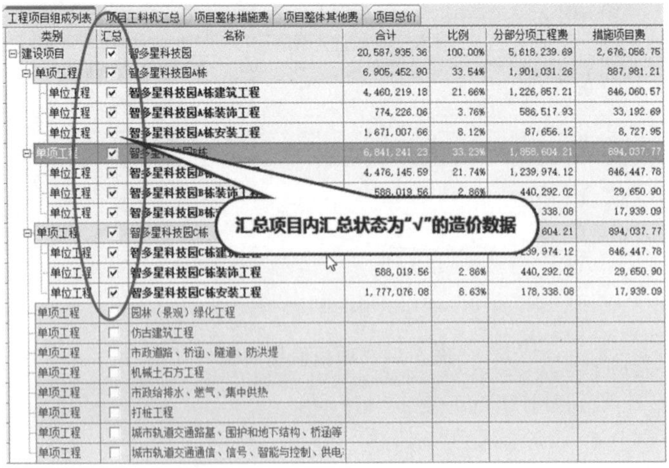

图 5-16　汇总项目造价数据

(10)项目保存、优化，从备份中恢复

项目文件在编制过程中要不定期对项目文件进行保存，以避免因系统意外中断退出而丢失数据。

①点击【文件】菜单中的【保存】命令或工具栏中【保存】按钮，即可快速保存当前项目文件。

②点击【文件】菜单中的【全部保存】命令，即可快速保存软件打开的所有工程项目文件。

③点击【文件】菜单中的【压缩项目文件】命令，即可将当前项目文件大小压缩到原体积的30%左右，同时提升工程数据的读写效率。

④点击【文件】菜单中的【从备份中恢复】命令，即可打开备份文件库，选择欲恢复工程文件后，点击【恢复】命令按钮，实现快速恢复。如图5-17所示。

图5-17 恢复工程文件

(11)项目整体措施费及其他费

当需要发生项目整体措施费时，直接列项编制，一般情况不需要编制。

5.2.3 单位工程预算编制

在【工程项目组成列表】中相应【单项工程】下新建【单位工程】后，双击该单位工程，即可进入单位工程的编制。

(1)单位工程窗口组成及应用

进入【单位工程】编制界面后，第一个窗口即【工程信息】，【工程信息】窗口由【工程概况】【编制说明】【费率变量】与【设置】4个子窗口组成。

①【工程概况】 输入单位工程的概况信息，单位工程名称根据项目管理

窗口中命名自动生成。

②【编制说明】 输入该单位工程的编制说明内容,在报表中可以直接输出。

③【费率变量】 是该单位工程的费率参数集中设置窗口。

④【设置】窗口 【设置】窗口在二次开发时已经进行常规设置,一般不需要用户进行修改,当找不到报表或者需要对小数点设置不同的修约处理时,可在此窗口进行相关设置,各项设置功能在窗口上有文字标签说明,如图5-18所示。

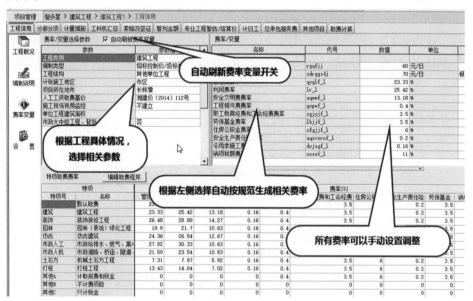

图 5-18 单位工程信息编制

主要操作:

①当无法找到报表时,根据上图提示重设置报表目录;

②清单单价默认为反算形式;

③分部及清单小数位修约设置;

④定额子目与配合比小数修约设置。

(2)分部分项窗口功能介绍

分部分项是单位工程编制的主要内容,也是核心内容,在本窗口完成工程清单编制、消耗量定额子目、工程量、子目材料价格等的输入与调整,如图5-19所示。

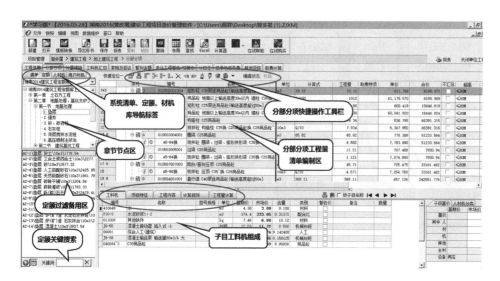

图 5-19 分部分项操作窗口

①【系统清单】标签　根据工程项目内容，下拉选择不同专业及章节的国标清单项。

②【系统定额】标签　根据清单项目要求，选择所需的消耗量定额子目。

③【系统材机】标签　显示系统材机库内容，可将材机拖到子目工料机窗口，当定额的增补材机，也可直接将材料以子目形式套用，适合做包干的项目。

④【章节点区】　显示当前清单或定额的章节组成。

⑤【定额子目备选区】　显示章节中定额子目或者关键词搜索的备选子目。

⑥【定额关键词搜索】　输入子目关键词，可以实时过滤匹配子目。

⑦【快捷操作工具按钮】　常见的清单与子目快捷操作按钮，鼠标指向即显示功能提示。

⑧【清单、子目编制区】　完成工程量清单、子目的录入。

⑨【子目工料机显示区】　显示所选子目的工料机组成，实现对工料机的换算、给价等。

(3) 分部分项快捷操作工具按钮

快捷操作工具按钮是分部分项窗口操作的常用工具按钮，提高工程编制效率，如图 5-20 所示。

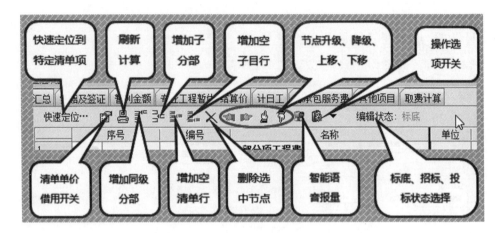

图 5-20 分部分项快捷操作工具按钮

(4)分部分项工程量清单的录入

根据项目设计要求与施工现场情况,录入工程量清单。工程量清单的录入包括:清单编码、名称、单位、工程量、项目特征及工作内容等,根据国标清单规范要求,在工程量清单及计价时强调编码(9 位编码 + 3 位流水号)、名称、单位、工程量(计算规划)、项目特征五统一。

清单录入方法:

①在【清单导航】标签下拉选择所需专业的国标清单库,并根据章节展开到所需清单结点,双击或者拖拽选定清单到分部分项窗口即可快速实现清单的自动录入。

②增加空清单行:在清单编码栏位置输入 9 位清单编码,软件自动加 3 位流水号并实现清单的手工录入。

③补充清单的录入:增加空清单行后,以"XB001 + 流水号"形式输入(X 取当前专业代码 A、B、C、D、E),再输入清单名称、单位、工程量及项目特征内容。

④项目特征的录入:选择清单行,再点击下方的【项目特征】标签按钮,根据项目要求,勾选【项目特征值】,如图 5-21 所示。

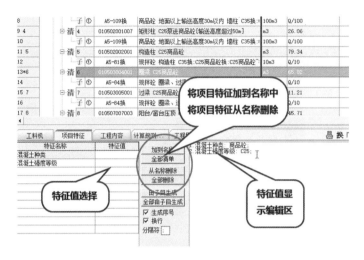

图 5-21　工程量清单录入

（5）消耗量子目的录入

子目的选择必须根据项目特征描述进行，子目的录入方法与清单录入方法基本相同，支持双击、拖拽、编码录入。

在清单中做了定额指引的，可以选择清单后，直接从清单定额指引中选择录入，如图 5-22 所示，清单下找不到的定额可以从【定额】标签中选择定额库名称，展开到特定章节，实现定额子目的录入，如图 5-23 所示。

图 5-22　清单定额指引录入子目

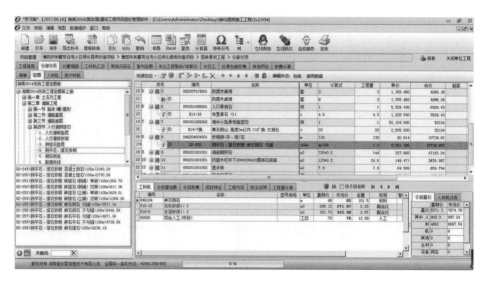

图 5-23 定额库特定章节录入子目

(6) 补充定额的输入

在套定额窗口中,增加一空子目行,依次输入补充子目编码、名称、单位、工程量,然后再进入下方的【工料机】窗口,增加该补充子目所需要的人工、材料、机械及相应的含量标准,如图 5-24 所示。

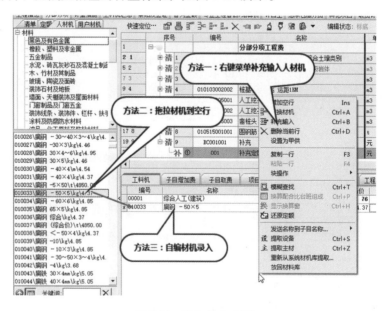

图 5-24 输入补充定额

(7) Excel 工程量汇总表导入

在【分部分项】窗口单击鼠标右键,执行快捷菜单【导入】—【导入电子表格】命令项,打开【导入数据】对话框,根据对话框提示,打开需导入的 Excel 文件,选择需导入的表单号,软件将自动分析数据,点击【导入】按钮即可,如图 5-25 所示。

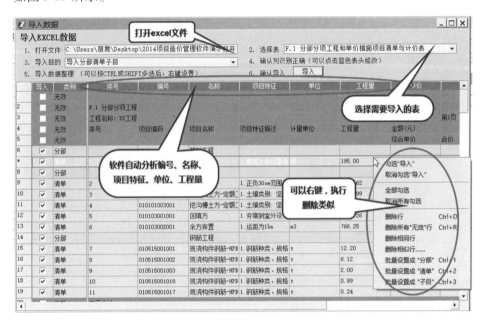

图 5-25　导入 Excel 工程量汇总表

操作提示:

①选择欲删除的内容,执行【删除类似】。

②对补充子目,软件会自动以红色标记,导入后需要用户手工处理补充定额工料组成。

(8) 定额工料机换算操作

在工程预算的编制工程中,所套定额的工作内容通常不能与定额子目的标准内容完全吻合,为符合实际工程需要,就必须对定额内容进行调整,即定额换算。主要包括:人材机系数换算、定额增减换算、配合比换算、机械台班换算等,大部分的换算都可以在软件中的智能提示下完成,如果需要对定额进行工料机的补充、替换、删除、含量非标准换算等,可以在【子目工料机】窗口中使用右键快捷菜单命令完成所需的换算处理。

5.2.4 施工措施费的编制

根据 GB 50500—2013《建设工程工程量清单规范》要求，能计算工程量的施工措施项目应以计量措施项目进行编制，软件中专门设置【计量措施编制】窗口，其操作方法与【分部分项】窗口基本相同。

5.2.5 工料机汇总分析

工料机汇总分析是当前单位工程中分部分项与计量措施的人工、材料、机械台班消耗量汇总，在【工料机汇总】窗口中可以完成对人材机单价的调整、材料属性的定义等操作，如图 5-26 所示。

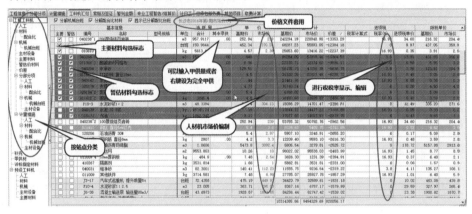

图 5-26　工料机汇总窗口

（1）下载信息价

进入【帮助】菜单，执行【下载信息价】菜单命令，选择信息价地区，点击【查询】，勾选需下载的类别，点击【下载】命令，下载完成会提示"下载完毕"，如图 5-27 所示。

图 5-27　下载信息价

(2) 套用信息价文件

在【工料机汇总】窗口单击鼠标右键，执行右键快捷【套用信息价】菜单命令，打开【套用信息价对话框】，根据提示选择信息价文件进行套用即可，如图 5-28 所示。

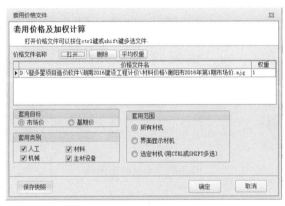

图 5-28 套用信息价文件

除了套用信息价文件外，也可以直接修改人工、材料、机械台班的市场价，但可分解的配合比与机械台班不能直接调价，只能通过调整其组成成分单价，软件自动计算配合比与台班的单价。

(3) 设置主要材料标志

①根据【费率变量】窗口给定的主要材料择定比例，自动刷新主要材料。

②选择一项或者多项材料，单击鼠标右键，执行右键菜单【设定为主要材料】命令。

③直接用鼠标勾选主要材料标志栏。

(4) 设置暂估单价材料标志

①选择一项或多项材料，单击鼠标右键，执行右键菜单【设定暂估单价材料】命令。

②直接用鼠标勾选暂估单价材料标志栏。

(5) 查找材机的来源

用鼠标选择欲反查来源的材机项，单击鼠标右键，执行右键菜单【查找材机来源】命令，即可打开材机来源对话框，双击检索出来的清单或子目项即可快速定位到该清单子目行上，并可以在此对话框中实现对此项材机的整体替换，如图 5-29 所示。

图 5-29　查找材机来源

5.2.6　其他项目清单计价的编制

其他项目根据工程阶段，在招投标阶段一般要求编制暂列金额、专业工程暂估价、计日工、总承包服务费，在竣工结算阶段编制签证及索赔、专业工程结算价、计日工、总承包服务费。

（1）暂列金额

暂列金额也称暂定金额、备用金、不可预见费等，是指招标人和中标人签订合同时尚未确定的和不可预见的项目备用费用。由招标人在工程量清单中列明一个固定的金额，投标人报价时暂列金额不允许改变，如图 5-30 所示。

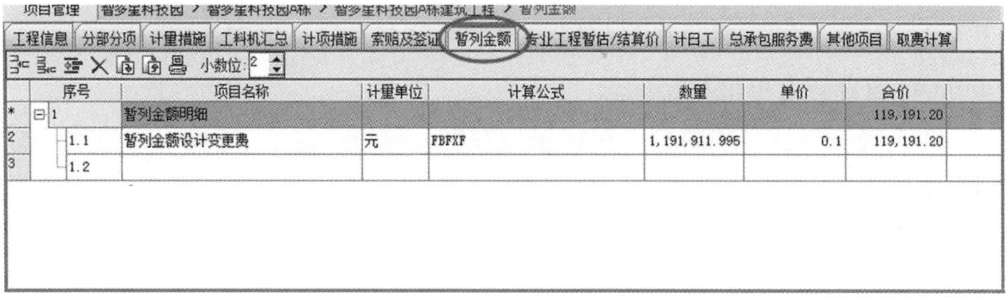

图 5-30　暂列金额

（2）专业工程暂估价

专业工程暂估价指在招标人和中标人签订合同时，已经确定的专业主材、工程设备或专业工程项目，但又无法确定准确价格而可能影响招标效果的，可由招标人在工程量清单中给定一个暂估价,投标人在报价时不能进行任何变更,如图 5-31 所示。

序号		名称	工程内容	计算公式	数量	单价	合价	引用号
1	1	专业工程暂估价/结算价					1,800,000.00	ZYGCZGJ
2	1.1	电梯安装	电梯购置与安装	12	12.000	120000	1,440,000.00	
3	1.2	多媒体设备	音响系统与投影设备	6	6.000	60000	360,000.00	
4	1.3							
*	1.4							

图 5-31 专业工程暂估价

该项目达到招标范围和标准时,由发包人和承包人以招标方式选择供货商或分包人;不需要招标的材料和工程设备承包人将供货人及品种、规格、数量、供货时间等报送监理工程师审批,并认价;不需要招标的专业工程项目,依照变更估价。

上述 3 种计价与暂估价之差由发包人给予补差,或者剩余部分归发包人掌管。

(3) 计日工

计日工俗称"点工",当工程量清单所列各项均没有包括,而这种例外的附加工作出现的可能性又很大,并且这种例外的附加工作的工程量很难估计时,用计日工明细表的方法来处理,分为计日工人工、计日工材料与计日工机械 3 大类。应当指出,国内工程不太使用计日工,但 FIDIC 条款下使用计日工的场合很多。招标方列计日工名称与暂定数量,投标单位进行竞争性报价,如图 5-32 所示。

序号			项目名称	单位	计算公式	暂定数量	综合单价	合价
1	1		计日工					14,080.00
2		1.1	人工					14,080.00
3			1.1.1 技工	工日	50	50.000	80	4,000.00
4			1.1.2 普工	工日	80	80.000	90	7,200.00
5			1.1.3 系统调试	工日	16	16.000	180	2,880.00
6		1.2	材料					
*			1.2.1 讲台制作与安装	个	20	20.000		
8			1.2.2 黑板	m2	200	200.000		
9			1.2.3					
10			1.2.4					
11		1.3	施工机械					
12			1.3.1 货车废旧搬运	台班	20	20.000		
13			1.3.2					
14			1.3.3					

图 5-32 计日工

(4)总承包服务费

总承包服务费是在工程建设施工阶段实行施工总承包时，当招标人在法律、法规允许的范围内对工程进行分包和自行采购供应部分设备、材料时，要求总承包人提供相关服务(如分包人使用总包人脚手架、水电接剥等)和施工现场管理等所需的费用。工程量清单编制人只需要在其他项目清单中列出“总承包服务费”项目即可。但是，清单编制人必须在总说明中说明工程分包的具体内容，由投标人根据分包内容自主报价。

(5)结算阶段的编制

①签证索赔　根据签证与索赔项目，在【签证及索赔】窗口中进行列项编制。

②专业工程结算价　根据施工合同约定与专业工程按实结算原则在【专业工程暂估价/结算价】中进行列项编制。

③计日工　根据施工合同约定计日工综合单价、按实结算原则在【计日工】中进行列项编制。

④总承包服务费　根据施工合同对总承包服务费进行列项结算编制。

(6)其他项目窗口

本窗口用于汇总其他项目中各项费用，供数据查看用，不需要进行任何编辑，如图5-33所示。

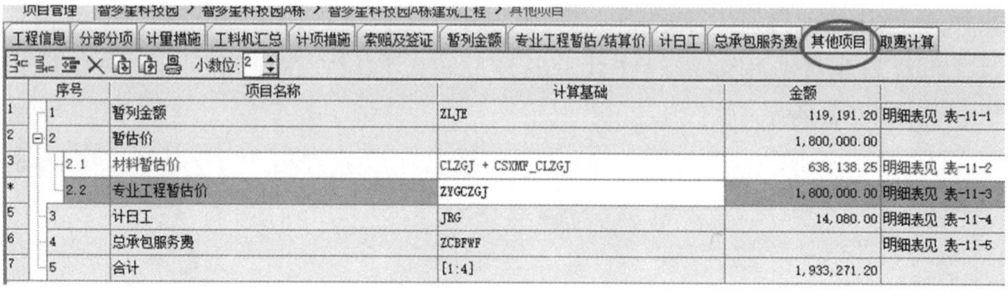

	序号	项目名称	计算基础	金额	
1	1	暂列金额	ZLJE	119,191.20	明细表见 表-11-1
2	2	暂估价		1,800,000.00	
3	2.1	材料暂估价	CLZGJ + CSXMF_CLZGJ	638,138.25	明细表见 表-11-2
*	2.2	专业工程暂估价	ZYGCZGJ	1,800,000.00	明细表见 表-11-3
5	3	计日工	JRG	14,080.00	明细表见 表-11-4
6	4	总承包服务费	ZCBFWF		明细表见 表-11-5
7	5	合计	[1:4]	1,933,271.20	

图5-33　其他项目窗口

5.2.7　单位工程汇总取费表

【取费计算】窗口是整个单位工程的造价数据组成汇总，软件自动根据系统内置变量生成数据结果，不需要操作人员进行任何修改，如图5-34所示。

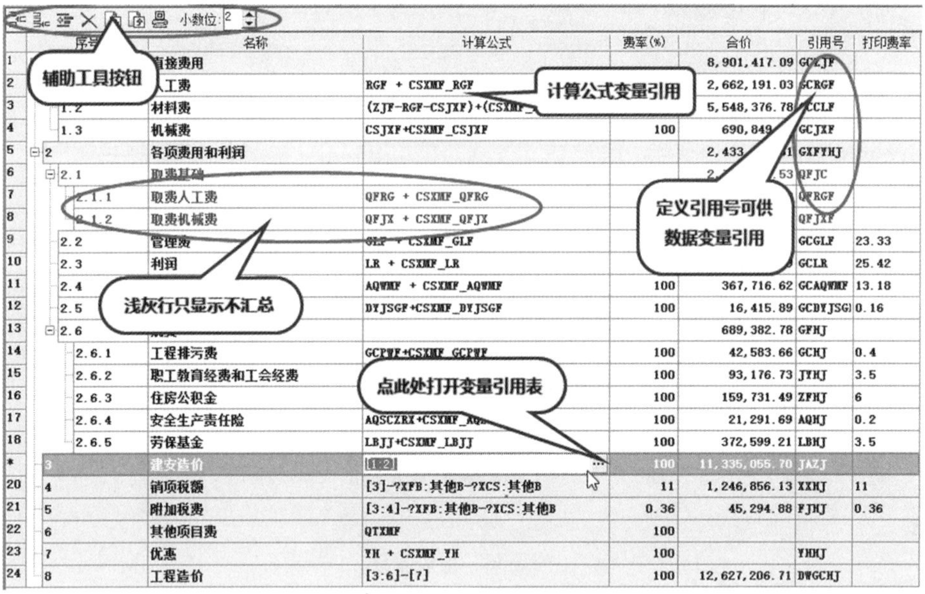

图 5-34 单位工程取费表

5.2.8 报表

5.2.8.1 报表管理

报表是数据成果打印输出的常见形式，根据功能区域划分，将报表划分为工程文件结构区、报表文件列表区、报表编辑菜单命令区、报表编辑格式工具按钮区、报表数据源编辑区与报表辅助函数定义区，如图 5-35 所示。图中"工程文件结构区"：显示【项目管理】中【汇总】标记为"√"的工程项目、单项工程、单位工程结构；"报表文件列表区"：用报表文件夹分类管理的报表文件名、报表集合文件名，在该区域中，可以单击鼠标右键，使用右键快捷菜单命令组对报表文件进行管理。

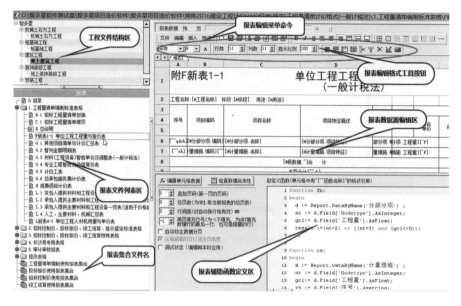

图 5-35 报表管理

5.2.8.2 报表的常用见操作

（1）报表编辑

报表编辑是对报表数据源的定义，即根据报表数据输出要求，对报表进行数据字段输出、系统常量、变量、函数的定义等，如图5-36所示。

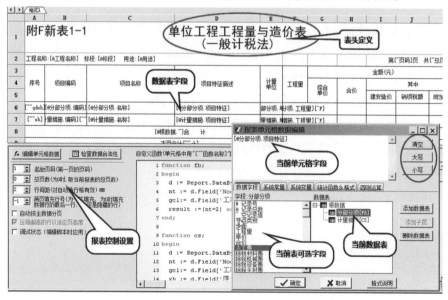

图 5-36 报表编辑

①定义报表的表头、表尾。

②定义报表的数据字段：双击单元格进入【报表单元格数据编辑】对话框，根据需要增加、删除字段。

③定义报表中常量：从【报表单元格数据编辑】中增加常量，如工程名称、编制人等。

④定义统计函数：如统计汇总、人民币转换输出等。

⑤字体设置：使用格式工具栏对字体、字号、加粗、对齐方式、表格线、字符折行等进行设置。

⑥用 Excel 操作方法设置行高与列宽。

⑦进入页面设置页面边距、页眉页脚等。

⑧通过菜单或者工具按钮中【自动适应列宽】命令，调整各列宽度。

⑨对报表定义完成后，点击【保存】按钮，切换到报表数据模式下显示数据输出结果。

（2）报表数据显示

①左上方选择工程项目结点时，仅显示项目工程相关报表；选择单位工程时，仅显示当前单位工程报表。

②选择左侧报表文件，点击【报表数据】按钮即可显示当前报表数据结果。

③当报表数据出现"#####"字符时，可适当拉大单元格列宽或减小字体，以满足在有限纸宽范围内显示所有数据。

（3）报表打印输出

①点击打印机图标打印当前报表，点击磁盘开关的【保存】按钮，可将当前报表输出 Excel 文件；

②选择报表集合文件：软件中对招标工程量清单、投标报价、竣工结算、招投标控制价等建立了报表集合，操作人员根据需要打开相应的报表集合，即可成批将集合中的报表打印或者输出到 Excel 文件中，如图 5-37 所示。

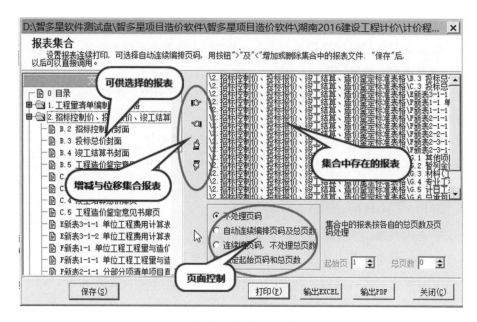

图 5-37 报表集合文件

参考文献

国家住房和城乡建设部，国家财政部.2013.关于印发建筑安装工程费用组成的通知（建标［2013］44 号）［EB/OL］. http：//www.mohurd.gov.cn/wjfb/201304/t20130401_213303.html，2013-03-21.

国家住房和城乡建设部，国家质量监督检验检疫总局.2013.建设工程工程量清单计价规范（GB 50500—2013）［S］.北京：中国计划出版社.

国家住房和城乡建设部，国家质量监督检验检疫总局.2013.园林绿化工程工程量计算规范（GB 50858—2013）［S］.北京：中国计划出版社.

湖南省住房和城乡建设厅.2016.湖南省建设工程计价办法［S］.

湖南省住房和城乡建设厅.2014.湖南省建设工程计价消耗量标准［S］.

全国造价工程师职业资格考试培训教材编委员会.2017.建设工程计价（2017 年版）［M］.北京：中国计划出版社.

全国造价工程师职业资格考试培训教材编委员会.2017.建设工程造价管理（2017 年版）［M］.北京：中国计划出版社.

王朝霞.2015.建筑工程计量与计价［M］.北京：机械工业出版社.

王俊安.2014.园林绿化工程计量与计价［M］.北京：机械工业出版社.

吴立威.2015.园林工程招标与预决算［M］.北京：中国林业出版社.

杨嘉玲，徐梅.2016.园林绿化工程计量与计价［M］.成都：西南交通大学出版社.

张国栋.2015.园林绿化工程概预算与清单报价实例详解［M］.重庆：上海交通大学出版社.

张建平.2015.园林绿化工程计量与计价［M］.重庆：重庆大学出版社.